国际时尚设计丛书·服装

BASICS
FASHION DESIGN

SEWING TECHNIQUES

时装设计元素：造型设计与缝制技巧

An Introduction To Construction Skills Within The Design Process

[英]珍妮弗·普伦德加斯特 著

郭新梅 译

中国纺织出版社

内 容 提 要

本书是引进英国版权的《时装设计元素》丛书中的一本。本书将造型设计与缝制技巧完美结合，既包括高级时装中用到的精致手工技法，也包括传统服装中常用的工艺形式。主要内容是设计过程中涉及的缝制技巧，包括基本缝纫技法、省道转移原理、专业整理以及由新科技应运而生的新工艺。书中大量访谈和案例，揭示了设计师在其作品中应用缝纫工艺的技巧和方法。

本书旨在启发读者开发设计具有自己风格的缝纫工艺，在研究、设计和创意方面对读者产生启迪，从而有助于读者服装事业的提升和发展。本书内容丰富、图文并茂、实用易学，可供高等院校服装专业学生学习使用，服装企业设计人员、技术人员阅读，也可供广大服装爱好者自学参考。

原文书名：BASICS FASHION DESIGN：SEWING TECHNIQUES
原作者名：Jennifer Prendergast

著作权合同登记号：图字：01-2013-6365

图书在版编目（CIP）数据

时装设计元素：造型设计与缝制技巧 /（英）普伦德加斯特著；郭新梅译. —北京：中国纺织出版社，2016.1

（国际时尚设计丛书. 服装）

书名原文：BASICS FASHION DESIGN：SEWING TECHNIQUES

ISBN 978-7-5180-1713-3

Ⅰ. ①时… Ⅱ. ①普… ②郭… Ⅲ. ①服装设计—高等学校—教材②服装缝制—高等学校—教材 Ⅳ. ① TS941

中国版本图书馆 CIP 数据核字（2015）第 121739 号

责任编辑：张晓芳　　特约编辑：朱　方　　责任校对：寇晨晨
责任设计：何　建　　责任印制：储志伟

中国纺织出版社出版发行
地址：北京市朝阳区百子湾东里 A407 号楼　邮政编码：100124
销售电话：010—67004422　传真：010—87155801
http：//www.c-textilep.com
E-mail：faxing@c-textilep.com
中国纺织出版社天猫旗舰店
官方微博 http：//weibo.com/2119887771
北京华联印刷有限公司印刷　各地新华书店经销
2016 年 1 月第 1 版第 1 次印刷
开本：710×1000　1/16　印张：11.5
字数：132 千字　定价：49.80 元

凡购本书，如有缺页、倒页、脱页，由本社图书营销中心调换

前图1　**皮尔·卡丹（Pierre Cardin）1968年女装作品**

连衣裙领口和下摆的立体几何图案是利用织物的热塑性制作成型的。

2

引言

缝纫技术作为一种艺术形式和创作技法，受到越来越多的设计师的重视。从最初的创意到研发，直至设计理念的最终实现，设计师都要认真斟酌所采用的缝纫工艺，使作品突显其设计风格和特点。通常缝纫技术包括传统常规工艺和现代新型工艺。

本书所涉及的缝纫技术既包括高级时装中用到的精致手工技法，又包括传统服装中常用的工艺形式。每个技法在书中相应章节都有相关说明。通过亲自动手实践，读者可以掌握这些技术形式。另外，更重要的是，通过本书的学习，读者将具备自主研发和开发各种新型缝纫工艺的能力。

本书旨在启发读者开发设计具有自己风格的缝纫工艺，以期在研究、设计和创意等方面对读者有所启迪，从而有助于读者服装事业的提升和发展。了解和掌握各种不同形式的缝制工艺很重要，因为随着缝纫技能的不断提高，读者会变得越来越自信，这时重要的是建立自己的设计风格和缝纫技法，使作品更具独创性。

前图3 **贝亚特·荀蔗(Beate Godager)2010年5月名为"内/外"的作品**
白色透明欧根纱连衣裙，搭配多层褶裥袖，前袖窿处巧妙地安装了隐形拉链。

《时装设计元素：造型设计与缝制技巧》这本书介绍了服装设计中所涉及的主要缝纫技法，包括基本缝纫技法、省道转移原理、专业整理以及由新科技应运而生的新工艺。书中的大量访谈和案例，揭示了设计师在其作品中是如何应用缝纫技术的，每个访谈中都给出了设计师的背景。通过本书，读者还将认识一些常规缝纫设备，并深入学习到某些机器的工作原理和操作方法，这些知识都是后续能够顺利缝纫的关键所在。

在《时装设计元素：造型设计与缝制技巧》这本书中，可能只介绍了完成一件服装的众多工艺方法中的一种，然而，读者只要从基础知识入手，再进行创意设计和延伸，就能开拓出各种丰富多彩的独特工艺形式。

前图2 **艾莉·萨博（Elie Saab）2013年春夏高级女装**
以珠片刺绣形成的复杂装饰为其主要风格。左边：连衣裙上身和肩部装饰有珠片刺绣；中间：优雅的礼服外套领口和袖口装饰有嵌花刺绣；右边：薄纱连衣裙装饰有精致的珠片刺绣，搭配七分袖。

目录

4

5

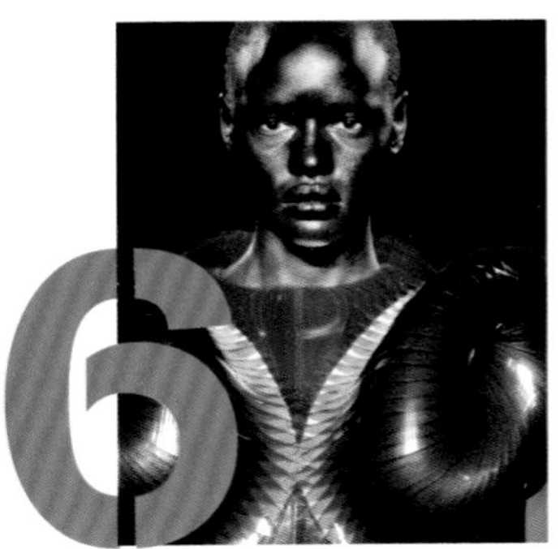
6

1–1

第1章 计划

的作品

项目计划

从构思到走秀，每一次时装发布会都可能给时尚产业带来激情和能量。而每一季的时装发布会都有很强的时间性，严格遵循时间期限至关重要。因此，每一位设计师都要事先作好规划和准备，这样才能没有任何顾虑地专注于设计和创作过程。在时尚产业中有各种不同的方式来作规划，现今大多数公司都采用电脑来作规划。不过也可以采取更简便的方式，如在日记本中记下关键日期，定期查看，确保各项工作都能按照计划日程执行。

首先，列出缝纫工作所必需的工具清单，根据个人情况不同，需要准备以下工具和材料：

- 针：缝纫机针和手工针；
- 梭芯和梭壳；
- 缝纫线；
- 装饰物/配件；
- 卷尺；
- 大头针；
- 人体模型/人台；
- 样板/纸样；
- 相机/记事本：记录工作过程和灵感；
- 灵感源：任何形式均可，如草图或照片等。

图1–2　**工业缝纫机针**

图中为放大的工业用平缝机机针。在工作室或工厂中平缝机是最常用的机器之一。这里所示的是缝制皮革制品的专用机器。它需要安装比一般的针更硬的皮革专用机针，适合缝制较厚的皮革面料，同时搭配粗且坚韧的缝纫线。

1-3

图1-3 **在人台上进行服装造型**
设计师用白坯布直接在人台上造型是设计过程的一部分。这既是一种造型手法，又是整个设计研发过程的一部分。它使设计师将缝纫工艺与服装造型结合在一起考虑，有利于设计思路的拓展。

“开始工作之前，首先要认真筹备。”

——马库斯·图利乌斯·西塞罗（Marcus Tullius Cicero）（公元前106～公元前43），罗马演说家、作家和政治家。

项目准备

许多时装设计师为他们的发布会或者作品命名，名字往往与他们的品牌相同。当设计师精通缝纫技术时，就可以为作品开发出更具创意和个性的缝制工艺，来反映品牌的独特风格。本章将介绍基础的缝纫技法，引导读者理解和完成缝纫过程的初级阶段。

信心是成功的关键。信心支持着设计者去探索各种复杂的缝纫技法。本章将会介绍缝纫术语、机器操作方法和一些缝纫技巧，同时还包括一些基础的缝纫练习。

基本设备

市场上的缝纫工具多种多样、品种繁多。设计师具体需要什么工具，可根据项目的具体要求和所涉及的缝纫范围进行选择。本节将介绍识别各种工具的相关知识和信息，以及各种工具的使用说明和操作方法。对于设计师来说，想完美地表现其作品，这些知识是必不可少的。然而，工具的选择权在于设计师自己，如果发现做同样的工作使用某种工具更高效，那就选择它吧。

图1–4 **基本缝纫工具**
基本缝纫工具包括：裁缝剪刀、剪纸剪刀、画粉、皮尺、拆线器和磁铁定规。也可以选用大头针，但要注意：缝纫时一定要避免缝到大头针上，否则可能会损坏机器。

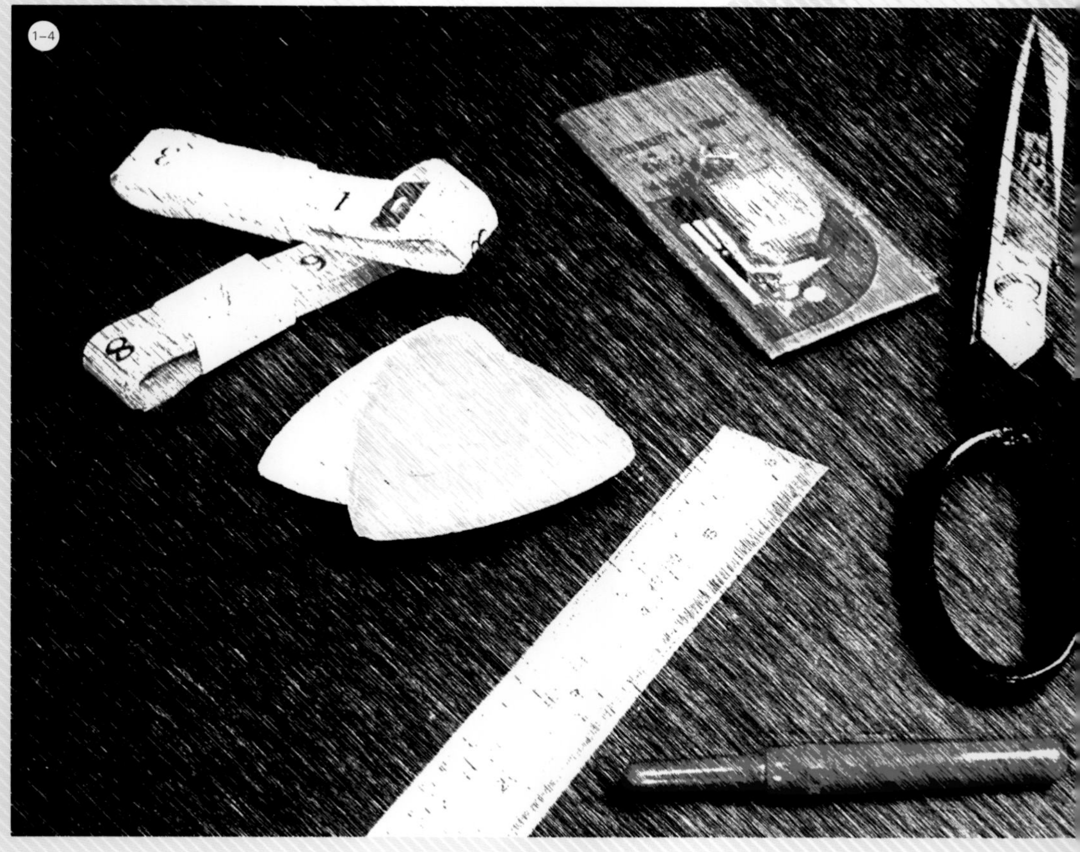

平缝机

有很多工业缝纫机可供选择，大多数机器从表面看略有不同，但不要气馁，因为它们的缝纫方式大同小异。刚开始时，要能在一台机器上正确地穿针引线，确实需要一定的练习，但等你掌握了之后，也就是几分钟的事了。在机器上或者生产商的说明书中一般都可以找到穿线方法。不同的制造商所生产的平缝机穿线方法略有不同，但其实现的功能都是相同的。

张力调节计

缝纫机要正确穿线才能保证运行正常，这是首要的基本工作。但是，经常被忽视的一个问题是线的张力。恰当的张力使面线（位于机器上面）和底线（位于机器下面梭芯内）在缝制时以同样的送线量协调行进。张力调节计包括两个控制转盘，线从两个控制转盘中穿过，通过调节其中一个转盘的松紧可控制张力的大小。如果张力控制得当，缝纫就会顺利进行，不会出现线迹过松，使缝迹不牢脱散，或者线迹过紧，使面料牵拉皱缩等现象。

缝纫机穿好线后，要用一块试用面料测试机器的运行状况。先在试用面料上缝纫，检查线迹和张力的大小，如果不合适，根据需要再次调节。

包缝机

包缝机的作用是将布料的毛边和缝头处理干净。该机器的压脚旁边有一个切刀，缝纫时一边将布料的毛边修剪整齐，一边用几条线锁住毛边。有些包缝机的功能更多，除了包边外还可以进行绷缝（主要用于弹性面料或针织物）和链式缝（用于牛仔面料）。

根据使用线数的不同，有双线、三线和四线包缝机。分别用于缝制不同类型的织物。

双线包缝机

用在丝绸等精细面料上，即做最少、最简单的面料处理。

三线包缝机

用在容易散边、厚重的机织面料上。

四线包缝机

主要用来缝纫。对于针织物或者弹性面料，一般不使用平缝机，而是使用包缝机缝制。这是因为包缝机的线迹具有可伸缩性，与针织物的性能相匹配。

在机器上或者厂商的产品手册上，可以找到包缝机的穿线方法。操作过程中需要用到镊子。刚开始学习时要有一定的耐心，操作失败时不要气馁，需要逐渐地练习和坚持不懈的恒心。

差动送料系统

包缝机的机械构造看上去相当复杂，其中最重要的一个组件是“差动送料”机构。它意味着送料系统可以以相同的速度送料，也可以以不同的速度进行送料。送料系统可以防止布料起皱，包边时确保布料平整通过。根据设置的不同，包缝机能提供很多装饰型的线迹，包括对布料边缘进行装饰性处理，如菜花边（将下摆处理成生菜叶子形状）；此外，包缝机也可以进行手动调节。

在服装企业中，布边的各种装饰效果一般由专门设计的专用机器来完成。主要是因为通过调节包缝机的设置来完成装饰边的缝纫比较费时费力、效率低、不经济。包缝机通常只设置完成“包边”这一个功能。包缝机的设置和调节由专业技师来操作。

梭芯和梭壳

梭芯：工业机器上用的梭芯一般由金属制成，形状为圆柱形，用于绕底线。

梭壳：该金属壳体用于插入绕好底线的梭芯，并控制底线的张力。

梭芯插入梭壳后,将线头从梭壳的线槽中拉出，留出一小段线头。再将梭壳插入缝纫机底板下的梭子上，这一步必须安装正确，否则，有可能损坏机针。大多数工业平缝机是水平插入，安装前要先查看机器是否正常。只需稍稍用力就能轻松插入，当听到“咔嗒”一声响时，就表示梭壳正确装入机器中了。

当缝纫机针降到面板下面时，底线就会与面线套锁在一起，当机针抬起时，面线就会勾住底线一起出现在缝纫机面板上。

图1-5 **梭芯和梭壳**
梭芯和梭壳是两个独立的配件。梭芯用于绕底线，梭壳用于封装绕好线的梭芯。

1-5

A 梭芯

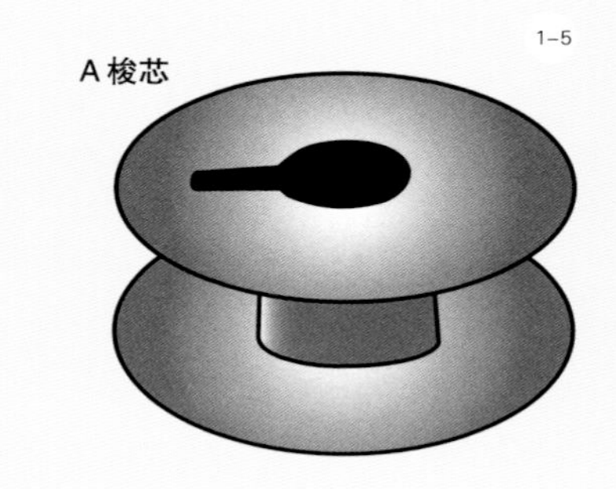

B 梭壳

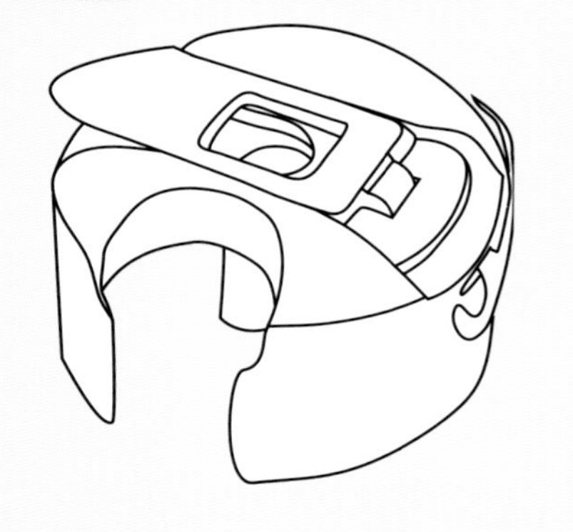

机械原理——梭芯和梭壳

正确地安装梭芯和梭壳需要遵循以下几个步骤。

在空梭芯上绕线时，要保证绕线均匀，才能使机器缝纫顺利。通过机器的脚踏板控制机器运转来完成以下操作。

首先，抬起缝纫机压脚，手动在梭芯上绕几圈线，再将梭芯插在绕线柱上，踩下脚踏板运转机器直到梭芯绕满，当梭芯绕满线后大多数机器都会自动停止。但是，每次绕好线后都要检查一下，以防绕线过满而引起线的纠结和线迹混乱。

其次，底线绕满后，留出至少5cm的线头，将梭芯装入梭壳中。通过梭壳上的线槽将线头拉出，再将梭壳装入缝纫机面板下面的梭子中。

放下压脚，将机器上的面线绕好，穿好针。

最后，将机针向下放到面板下面的最低处，面线会自动从梭壳上钩起底线，形成一个线圈。将针抬起时，面线和底线均会出现在面板上。可以拉动面线和底线，留出一定长度的线头。

任何时候开始缝纫前都要先检查机器。

图1-6　正确绕线
当机器穿好针后，机针进入缝纫机面板下面与梭壳相接触时，面线和底线相互套在一起循环，形成缝纫线迹。

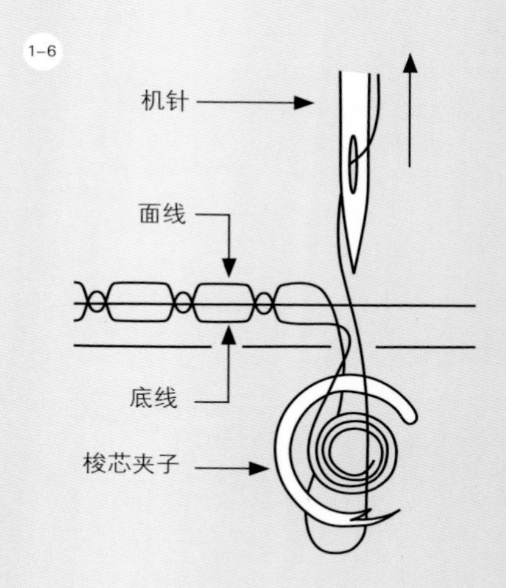

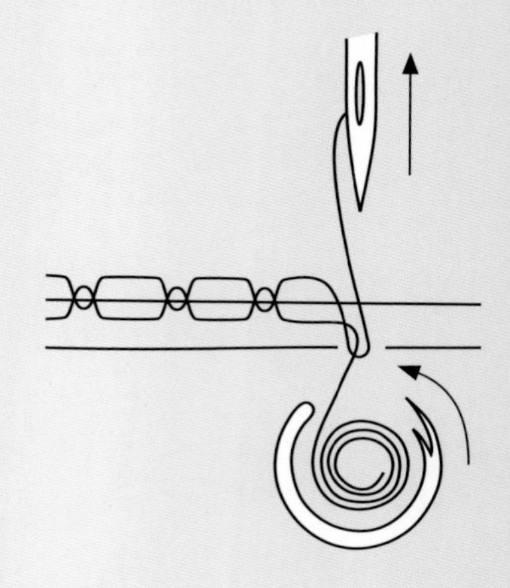

图1-7　迪奥（Dior）2012年春夏高级时装
百褶真丝雪纺裙，与之搭配的上衣下摆具有细致精美的包缝装饰明线。

1–7

在服装生产中平缝机是常用机器之一。通过脚踏板来控制机器的运转，在需要的地方可以随时启动和停止机器。由于可以更换使用各种功能的压脚，锁式线迹平缝机可以缝纫各种厚度的面料，包括一些非常厚重的面料，通过各种压脚给送布牙施加特定的压力，以实现平稳送布。

平缝机是直线型锁式线迹，这种线迹使服装的外观平顺整齐。特别适合缝制机织面料，常用于服装袖窿、侧缝、下摆、袖口、衣领等部位的缝合。

平缝线迹也可用于装饰，如表面明线、自由绣花等。

图1–8 **马里奥·施瓦博（Marios Schwab）2012年秋冬作品**
采用平缝机缝制，其特点是绣花面料的衣身、柔和的插肩袖以及颈侧的明褶裥。

“创作出自己的风格，表现出自己的个性，让自己与众不同。”

——安娜·温图尔(Anna Wintour)

图1–9 **德赖斯·范·诺顿（Dries Van Noten）2006年春夏作品**
红色翻领的淡米色夹克，搭配半成型的连衣裙。两者都是采用平缝机缝制。

1–9

平缝机针常用于缝制机织物。其线迹为直线型，线迹的长度可以根据需要进行调整。平缝机针根据针尖的尖锐程度和针的粗细，有不同的规格尺寸。

图1-11　**平缝机压脚**
锁式平缝机的压脚也称双送压脚。主要用于各种不同厚度面料的基本缝纫。

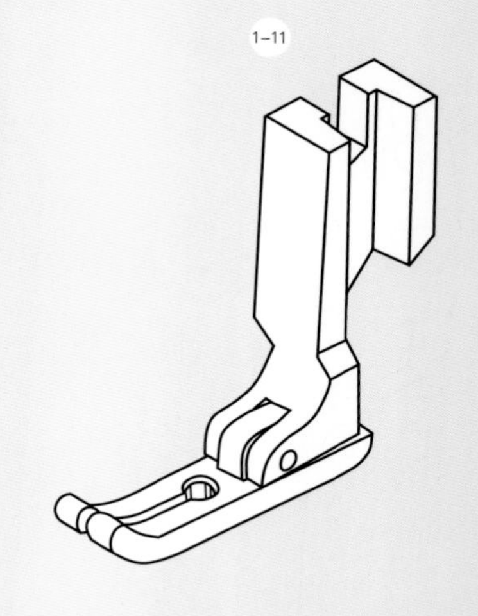

图1-10　**平缝机针**

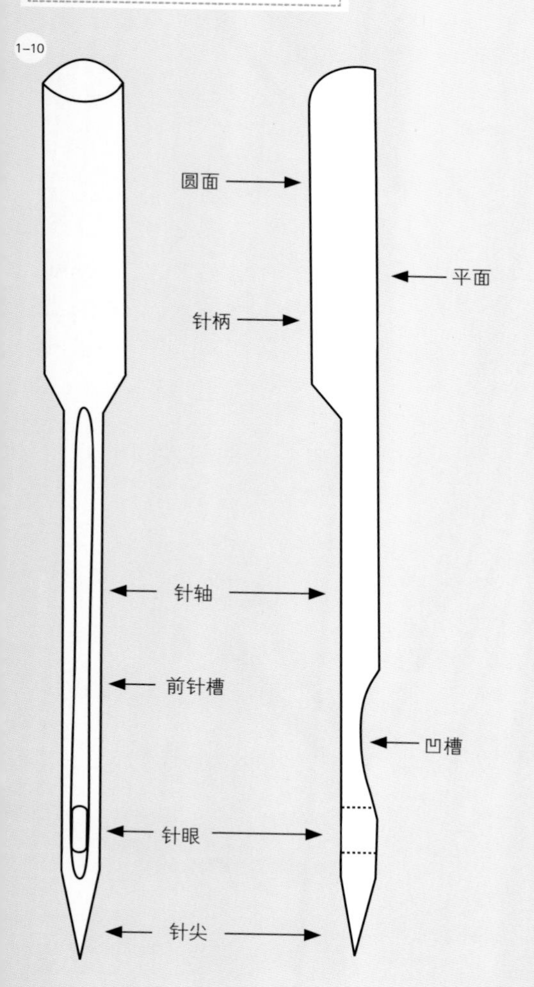

平缝机压脚

所有平缝机压脚上都有防护装置，以防在缝纫过程中出现意外对其造成损伤。平缝机压脚也被称为标准压脚，普遍用于各种平缝机中。压脚通过螺钉固定在缝纫机上，更换压脚时，一定要将螺丝拧紧，如果压脚松动，不仅可能会毁了缝纫工作，而且有可能造成意外伤害。

图1–12　**拉链压脚**
拉链压脚宽而短，在压脚的中心处有一个孔洞，缝纫时针从孔中穿过。这与拉链布边和拉链牙之间的距离正相符。这种压脚常用于牛仔裤上的拉链安装。

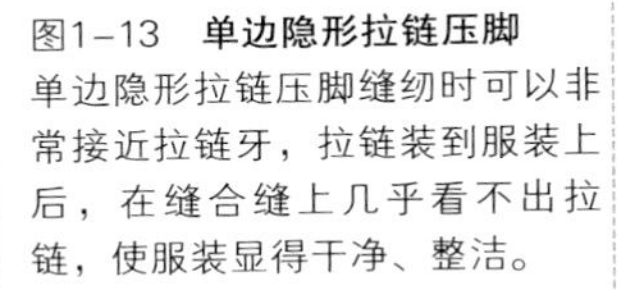
图1–13　**单边隐形拉链压脚**
单边隐形拉链压脚缝纫时可以非常接近拉链牙，拉链装到服装上后，在缝合缝上几乎看不出拉链，使服装显得干净、整洁。

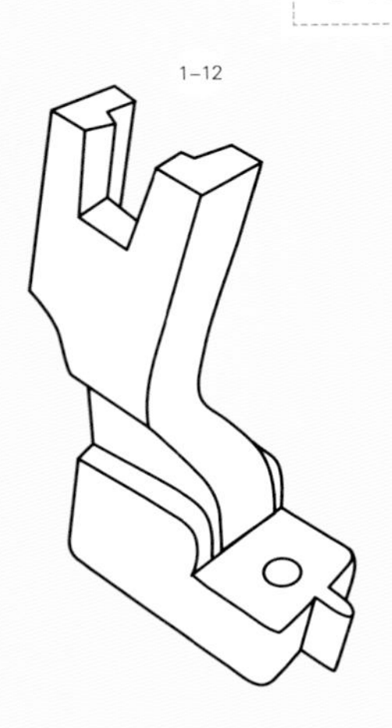

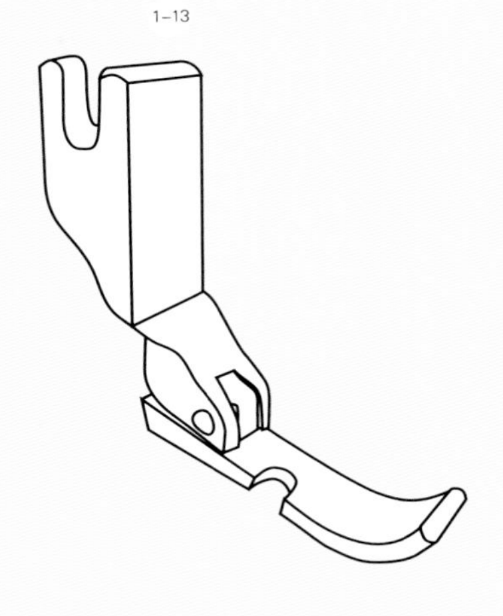

拉链压脚

拉链压脚是专为安装拉链而设计的。缝制前用螺丝固定在工业缝纫机上。使用该压脚安装拉链，可使拉链安装得更加平服。当然也可以采用普通平缝机压脚，但装完后拉链不会很平整。

拉链装好后，通常要在表面车明线，这种装法常见于裙子和裤子上。

单边隐形拉链压脚

隐形拉链与普通拉链不同，它更加细长，拉链齿通常被面料掩盖着不易看到，只能看到拉链头和接缝。单边隐形拉链压脚与拉链压脚的不同之处在于宽度，单边隐形拉链压脚更薄、更细长，宽度只有普通压脚的一半。用它装隐形拉链可以使线迹尽可能地靠近拉链牙边缘。

安装隐形拉链时，需要左边和右边隐形拉链压脚各一个，缝纫时要更换压脚分别完成拉链左右边的缝合。如果不更换压脚，试图用一个压脚安装拉链的两边，其中一边很可能会出现不平服现象，穿着时拉链牙就会露出来，而不是隐形的一条缝合线。单边隐形拉链多用于连衣裙、短裙、裤子等服装。

缝纫线

根据服装所用面料材质的不同，以及服装想表现的外观效果，有多种类型的缝纫线可供选择。最常用的是棉线和涤纶线。

棉线是哑光的，光泽感不强。随着服装的穿着、洗涤、磨损等，棉线的强度也在不断降低。

涤纶线由合成纤维制成，非常经济实用，广泛用于大规模的服装生产中。涤纶线可以是哑光的、也可以是高光的，不褪色且强度很高。

图1–14　**缝纫线**
价格较昂贵的蚕丝线很适合缝制丝绸面料，因为它们的组成成分相同；丝线柔软光滑，不易打结，这一特点使它尤其适合缝制精致柔软的面料；金属线有时用作装饰，由于金属线较粗，应使用大针眼的针。

实践1: 基础缝纫

平缝

刚开始时，即使车缝最简单的直线或曲线也会觉得很棘手。可以先在布上画线，然后沿所画线来缝纫。

1cm（0.39英寸）的缝份，是一般服装的标准缝份。平缝是最常见的一种缝合方式，在裙子、裤子和上衣等服装上经常采用。

图1-15　平缝
平缝的缝份一般为1cm（0.39英寸）。在刚开始实践时，可以先练习2cm（0.78英寸）的缝份，熟练后再不断地减小缝份进行练习。

图A

将上下两层布料的右侧边缘对齐放置在一起，车缝1cm的直线。在车缝开始和结束的地方需要拨动倒缝拨杆，打几针倒针，以防止两头线迹脱散。

图B

将两层面料展开烫平就完成了缝纫。如果有信心，还可以尝试对其锁边，操作时要仔细，以防损坏缉缝线迹。

1–15

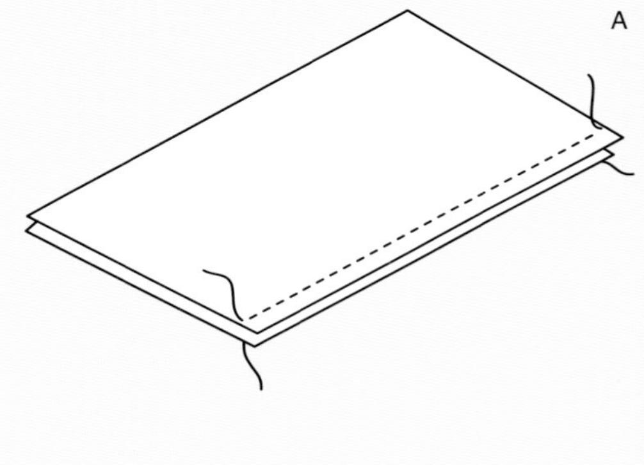

B

来去缝

来去缝也被称为法式缝。主要用于不太适合锁边的精细面料，如丝绸雪纺等，其布边容易脱散。

图1–16 **来去缝**
从来去缝的图示中可以看出，布料的毛边被封闭起来，服装内侧干净整齐。

1–16

A

图 A

先进行平缝。

图 B

将缝份修剪成0.5cm (0.19英寸)。

图 C

翻转面料，将缝份折转到内侧。

图 D

沿翻折边缘车缝0.6cm(0.23英寸)的明线，缝完后在内侧看不到布料的毛边。

从来去缝的图示中可以看出，布料的毛边被封闭起来，服装内侧干净整齐。

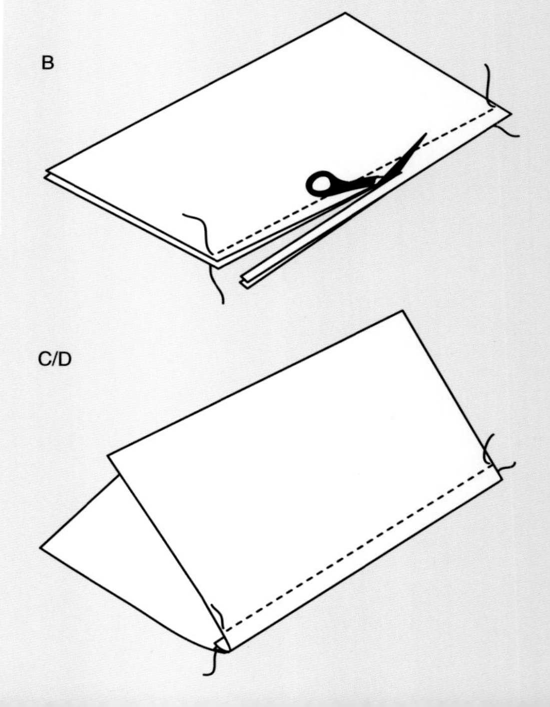

平倒缝

牛仔裤的裤腿内侧常采用平倒缝，因为这种缝型非常耐磨，并且隐藏了布料的毛边。

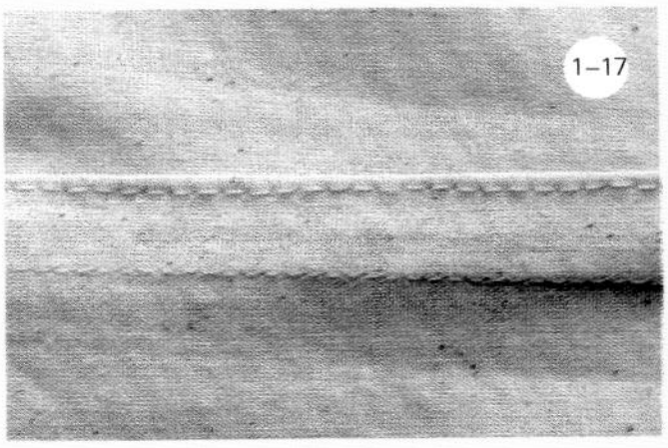

图1–17　**平倒缝外观效果**

图 A

先平缝，缝份为1.5cm(0.59英寸)，再将下层布料的缝份修剪成0.5cm(0.19英寸)。

图 B

折转上层布料的缝份，使其放平后能够包住下层修剪后的缝份。

图 C

将各层布料放平整，分别距离两个折转边缘0.3cm(0.12英寸)各车缝一条明线。

缝完后在面料的内侧也看不到布料的毛边。

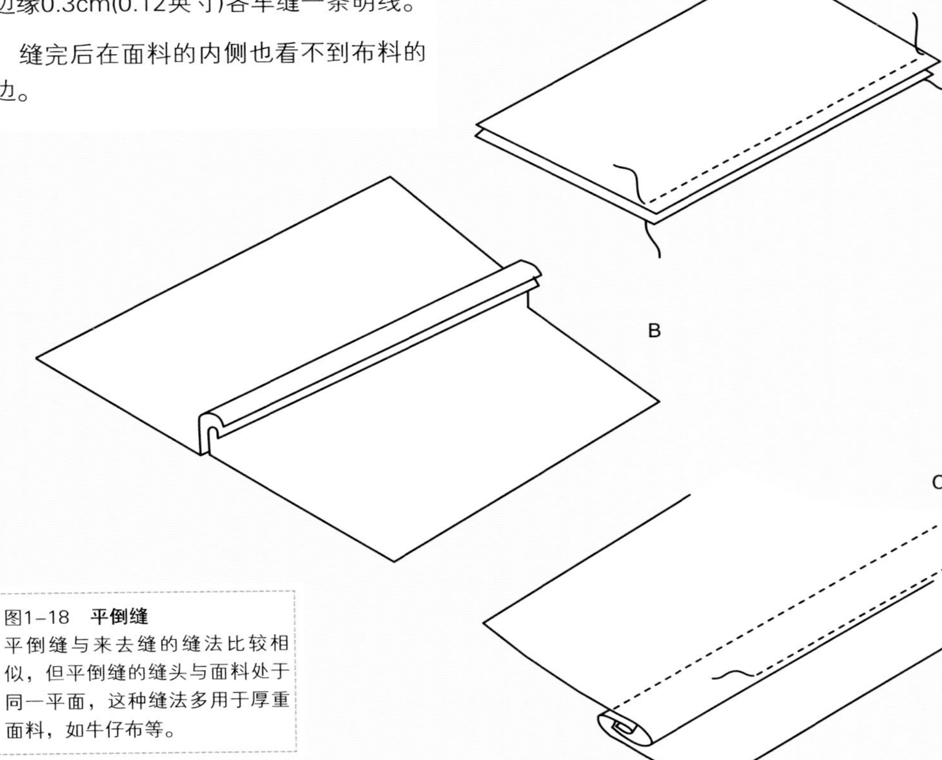

图1–18　**平倒缝**
平倒缝与来去缝的缝法比较相似，但平倒缝的缝头与面料处于同一平面，这种缝法多用于厚重面料，如牛仔布等。

问题解析

图1–19显示的是在缝纫过程中可能出现的三种问题。只要稍多一点耐心和实践，这些问题都可以完美地解决。

A：锁边不均匀

在锁边过程中，可以通过阶段性的停止、启动机器来防止面料被过快地送入机器而产生不均匀的现象。

B：缝份不均匀

有几种方法可以使缝份更加均匀。其一是调整设置，使机器运转更慢，以便更容易控制机器。或者用画粉在布边缘均匀画线，作为车缝的参考线。

C：重复锁边

造成这一现象的主要原因是操作者不能熟练控制机器，使某些布边包不上，然后又重复锁边。这会影响服装外观的平整度。要多加练习，通过提高操作锁边机的技术来克服这一点。

图1–19　**问题解析**
图中所示的平缝存在锁边不均匀、缝份不均匀和重复锁边等问题。这些问题都是比较容易改正的。

图1–20　**来去缝不均匀**
来去缝不均匀通常是由于缝份修剪不均匀，或者缝份熨烫不均匀而导致的。

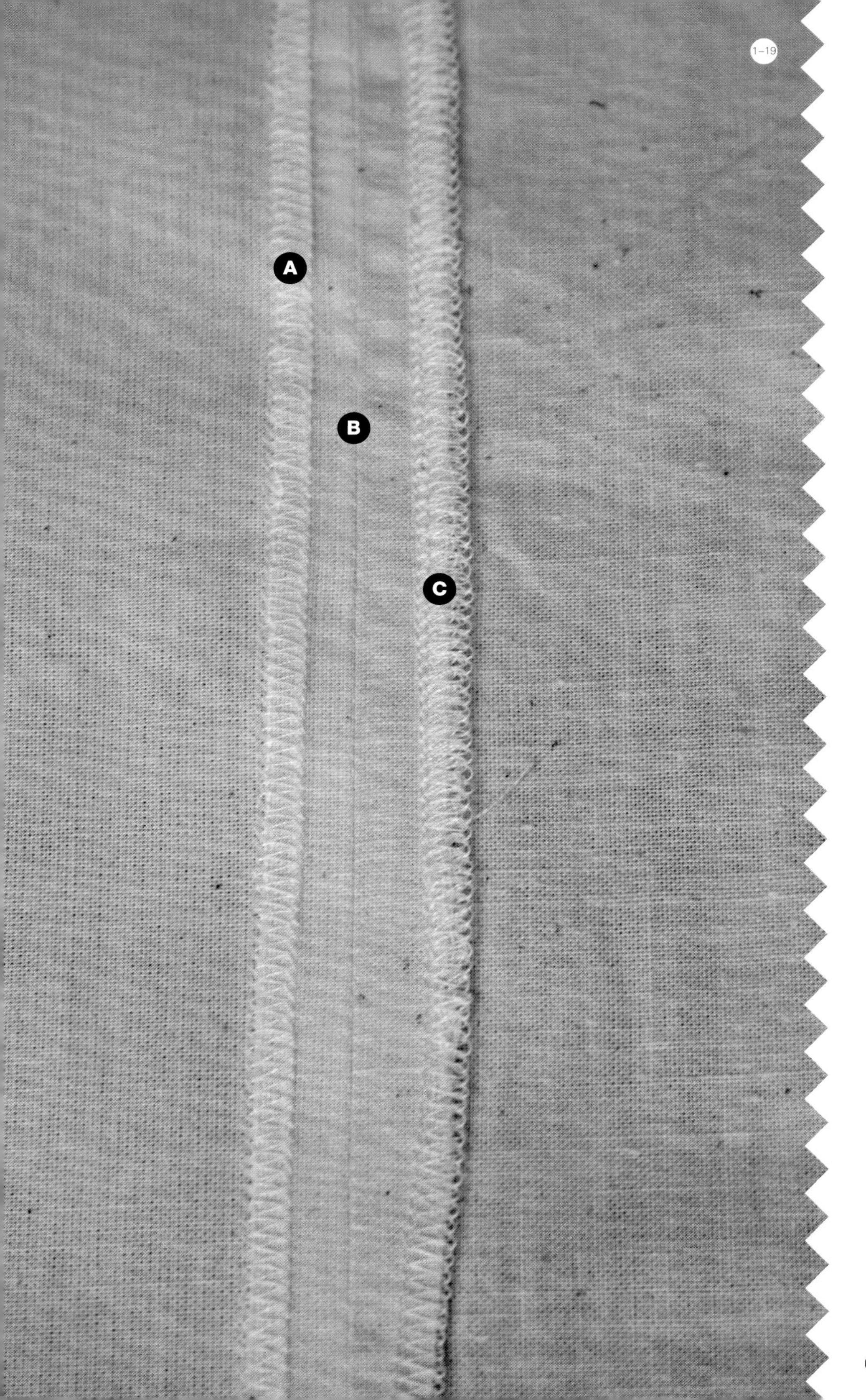
1-19
A
B
C

访谈1：玛达·范·汉斯

玛达·范·汉斯（Mada Van Gaans）在位于梅珀尔和格罗宁根的布鲁塞尔自由学校（鲁道夫·斯坦纳学院），位于乌得勒支的时装中级技工学校（MTS），以及阿姆斯特丹的时装设计学院学习期间，创造力实现了巨大飞跃。玛达在阿纳姆时装学院获得了最后的硕士学位，她的毕业作品展在巴黎高级时装周的加列拉博物馆举行。玛达分别在以下几个品牌做过实习：Renate Hunfeld，Beach Life，Bernard Willhelm和Oscar Sulleyman。

2001年，玛达·范·汉斯入选红宝石时尚大奖（Robijn Fashion Award）。通过参加意大利设计人才支持大赛“ITS＃3”，玛达将自己推向了国际。并与荷兰时装基金会合作，分别参加了在巴黎、纽约、罗马、巴塞罗那和伦敦举行的几次时装展。在荷兰，玛达分别在海牙宝石展览馆、阿纳姆的现代艺术博物馆、以及阿姆斯特丹的历史博物馆等地方展出过自己的设计作品。

2005年，玛达在阿姆斯特丹时装周上，首次举行了她的时装发布会。同年，玛达在纽约时装周上展出她的设计作品，并参加了纽约时装学院（FIT）博物馆举行的名为“在设计边缘的荷兰”的时装展。2007年，玛达被授于荷兰时尚大奖，同年在台北的国际服装联盟（IAF）大赛中名列第二。2008年，玛达又第二次获得荷兰时尚大奖的荣誉。

玛达受邀为“国际拉瓦扎日历”活动做设计，由欧文·奥拉夫（Erwin Olaf）负责拍摄。以及为浪琴（Longines）（瑞士手表品牌）设计了限量版“Belle Arti”手表系列。她仅以字母B为主题就设计了两个系列的服装发布会。

她的作品优雅而精细，具有一种变幻莫测的新艺术派风格。

她的作品以强大的阵容、富有流动性的柔软材质、飘渺不定的图案等要素塑造了一个梦幻般的意境，是集穿着舒适和优雅精致为一体的现代女装精粹。

她以一个新视角将自然元素和来自多种文化的传统工艺结合了起来，充分展示了多元文化的工艺技巧与现代面料的和谐共存和交相辉应。

图1-21～图1-29　**玛达·范·汉斯（Mada Van Gaans）2010年秋冬蛇女神时装发布会作品**
细腻的面料、柔软的塔克褶和抽褶，整个系列的服装给人一种空灵梦幻的感觉。

1–22

1–23

1–24

您的灵感来自哪里？

我的灵感来自新艺术时期的艺术风格，例如：去看那个时期的画作、画家、艺术家、家具及时装设计等。灵感也来自传统服装及其他国家和民族的文化，我喜欢探索有关上帝和魔鬼方面的神话传说。有些灵感也来自20世纪20~70年代的电影，参观一些展览和旅游采风等。有些也来自大自然，如花草植物的形状和颜色，以及鸟类、爬虫、昆虫、海生动物的色彩和图案。

对我来说，将那些艺术巨作中的丰富图像和轮廓转换成自己的创作，这是一个巨大的挑战。

您是否认为创作的过程需要涉及完成一件服装所需的各个方面？

创作新造型和进行色彩搭配是一个重要的开始点；其次要懂得服装样板的绘制、相关缝纫技术以及完成一件服装所需的所有关键技术，这些都很重要；另外，要知道什么样的服装穿着最舒适，可以通过在服装店中试穿各种服装来获得这些经验。

还必须知道不同体型的人适合穿着什么样的服装，了解不同体型的特点。例如，对于某些人V型领可能是最好的选择，而对于另一些人则可能是圆领。

您什么时候考虑服装所需的缝纫技术？

根据所用的面料种类和服装的价格档次来选择缝纫技术。例如，对于雪纺真丝连衣裙，我倾向于采用来去缝；下摆要是非常窄小，就采用小型包缝机。对于比较休闲的服装，可采用包缝线迹。例如，夹克可以选择全衬里、半衬或者不挂里子，仅仅处理一下缝头即可。究竟要采用什么样的工艺手法，取决于想让一块面料最终呈现出什么样的外观风格。服装的里面也很重要，尤其是高端品牌。

在您的创作过程中，需要投入多长时间来考虑缝纫工艺方面的问题？

大部分时间都花在缝纫工作上，这也正说明了为什么缝纫技术很重要，要花大量时间来掌握它。我认为一个好的设计师必须要知道如何缝制完成一件服装；否则，就无法向生产部门表达清楚你的具体要求。可以在大学期间学习这些工艺技术，也可以在家中自学，或者参加缝纫培训班。

1–25

在观看时装秀时，您觉得装饰或者配件很重要吗?

是的，这些因素非常重要。所使用的机器必须性能良好，所选用的纱线和配件要使缝纫显得更干净整洁。衣服的熨烫也很重要，并且要在缝制过程中对零部件进行熨烫，这会使衣服看上去大相径庭。

在服装的实现过程中，缝纫有多重要?

非常重要。设计师必须要知道如何将一件衣服的各裁片缝制成服装，这样你才能清楚地表达你想要什么。

您最喜欢用哪种面料?

真丝雪纺、提花机织物、棉/丝混纺织物、卢勒克斯图案的真丝雪纺、夏季羊毛织物、含羊绒的毛织物和各种结构的提花面料。

您对年轻设计师有什么建议?

用各种不同的面料多进行一些尝试和练习，掌握如何让不同的面料呈现出最完美的外观。经常去服装店里试穿各种服装，观察服装的造型、感受服装的合体性。并且，要像看服装的外面一样，去观察服装的里面，检查其质量和外观。购买一些二手服装，对其进行拆解，以学习它们的缝制方法。夹克类服装、不对称类服装以及斜裁服装，这些都是很有趣的服装形式，值得探究。

“对我来说，将那些艺术巨作中的丰富图像和轮廓转换成自己的创作，这是一个巨大的挑战。”

——玛达·范·汉斯（Mada Van Gaans）

1–26
1–27
MADA VAN GAANS
1–28
1–29

2–1

第2章　准备

图2-1　借鉴启示

设计说明

表现设计的方法有很多种，可以根据自己的特长选择一种方法。其中最简单的一种方法是复制出设计图（作为模板），并在上面对每个部分进行标注（参见本页图例）。在空白处标明各设计细节，例如，什么类型的领口或袖窿？采用什么类型的缝合方式？门襟设计在前面还是后面，以及采用什么形式的扣件？是否需要贴边？先将所有细节因素以表格的形式列出，然后就可以开始服装效果图的绘制。在这个阶段，你可以用铅笔以草图的形式表达，很多设计师将草图扫描到计算机辅助制图（CAD）程序中加以处理，按照服装专业标准绘出效果图。

图2-2　草图
设计师通过绘制草图，并在草图上作分析和说明，来斟酌服装细节的处理。

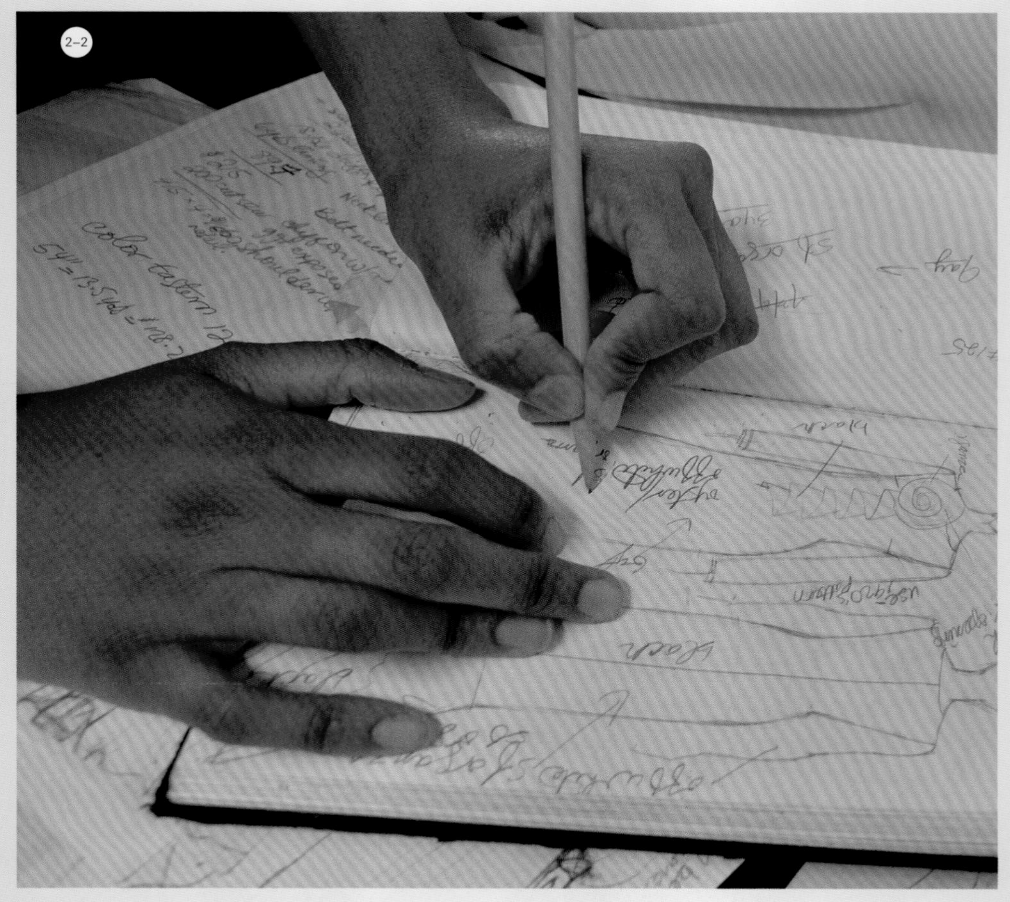

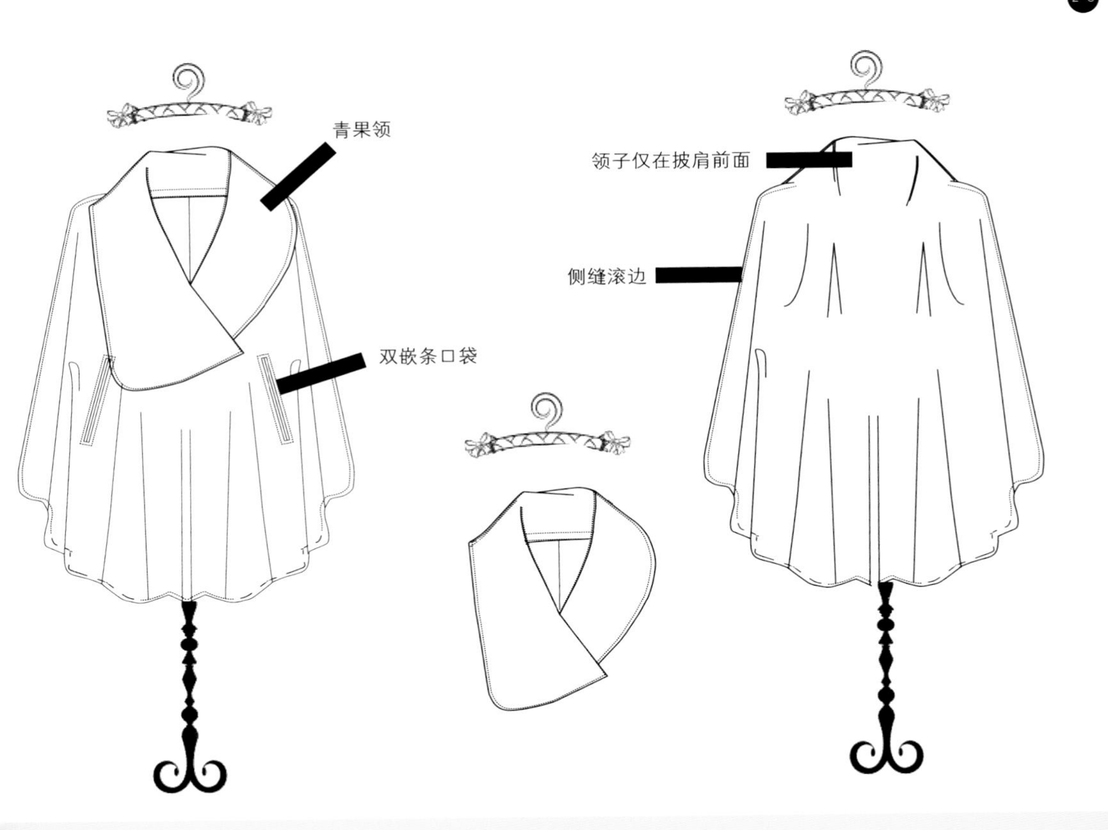

图2–3 **计算机辅助制图**
可以采用计算机辅助制图的方法（CAD）来绘制服装样板，然后制作样衣。这有助于设计师确定服装尺寸和形状，以及采用何种缝纫工艺。

效果图

效果图也称为时装效果图或技术图纸，是设计师用于说明和表达设计思路的图，包括服装的正面和背面款式图。效果图要能够准确地表达服装的设计细节和结构形式，如装饰、配件、口袋、衣领、袖型等。这也是样衣间、车间以及生产服装所涉及的所有工作人员之间传达设计信息的必要方式。

关键尺寸测量

要使服装穿着合体，必须进行准确的人体测量。在零售商层面上，测量术语和方法是很类似的，变化较少，规格数据常以表格的形式放在效果图旁边，以使服装能够按规格生产和销售。然而，不要将规格表与尺寸表相混淆，服装尺寸表是样板师绘制样板的依据，要借助它才能使服装样板符合设计要求，满足着装者的合体性和舒适性要求。

对于女装，关键的尺寸是胸围、腰围和臀围。当然还有很多其他尺寸也需要考虑在内，但为了便于理解，这里仅对这三个尺寸进行说明。

用软尺在人体模型上测量下列尺寸并记录。

胸围——用软尺围绕人体模型胸部最丰满处水平测量一周得到的长度。

腰围——用软尺围绕人体模型腰部最细处水平测量一周得到的长度。

臀围——用软尺围绕人体模型臀部最丰满处水平测量一周得到的长度。

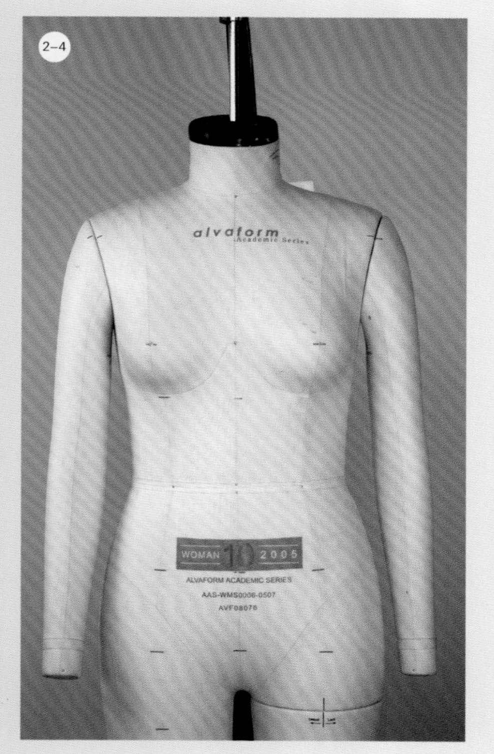

图2–4　**人体模型**
这个女子人体模型的最大优点是可拆卸；胳膊可以简单地卸下装上，便于服装袖子的评测。

图2–5　**艾莉·萨博（Elie Saab）2009年秋冬高级时装秀作品**
合体透明硬纱礼服显得优雅高贵。

2–5

2–6

图2–7 **人体模型试衣**
样衣穿在人体模型上，学生正顺着腰部曲线，斟酌省道应加放在衣身何处，才能使服装更加合体。

合体的重要性

关键尺寸测量得到的数据并非服装的规格，这些数据主要用来绘制服装的样板。样板师会在测量数据的基础上加放一定的“松量”（松量是人体的净尺寸与服装尺寸之间的差值，松量给服装提供了活动量，使服装穿着起来舒适合体）。

在服装生产中，服装要经历几个阶段的评测和修正，才能达到最终所需的合体度和外观造型。在许多情况下，这一过程被称为“封装过程”，包括服装的平面测量（将服装平铺在桌子上，依据服装规格表进行测量，检验是否达到规格要求）。此外，还要将服装穿在“试衣模特”上，在真实人体上评测合体性（更多信息参见第5章）。

在这个阶段一定要作好记录，以便对服装进行必要的修改，或者在增加其他设计元素之前，评价服装的合体性。评测合体性时，设计者应把焦点放在一些关键部位，针对上衣主要考虑以下部位。

领围线：是否过高/过低？即领口是否太紧？

袖窿：是否过高/过低，或者太紧？

胸围：是否太紧/太松？

胸省：位置是否正确？

腰围：位置是否正确？是否太紧/太松？

在生产制作的早期阶段，设计师还有机会改变服装的设计细节，重新定位服装的整体外观以及修改合体度等。

图2–6 **让·保罗·高提耶（Jean Paul Gaultier）与模特校核服装**
走秀前，设计师与模特一起校核服装的合体性和外观造型。

通过采用褶、裥、省道等形式可以对服装进行造型。在细节上巧妙地运用这些手法，可以很大程度上改变服装的廓型，使服装更有情趣、更有独特性。

服装造型的另一种先进手法是利用织物的伸缩性进行归拔塑型。主要用于纯毛面料或羊毛混纺面料，此类织物具有良好的伸缩性。归拔工艺的过程是先用蒸汽熨斗熨烫面料，对面料进行“归”和“拔”的处理，然后关闭蒸汽再干烫，使织物重新定型。用这种方法处理的服装腰部或胸部，有较好的贴体度和合体性。

也可以采用分割线和褶裥来造型，如公主线，过胸高点和腰部的分割线塑造了服装胸围和腰围的合体造型。褶裥的种类很多，从有规律重复折叠的塔克褶，到无规律抽缩的细褶，所呈现的造型和外观效果各有特色。细褶常常用于童装中。

服装中最常用的造型手法是将服装上多余的布料折叠缝合起来的省道（不同类型的省道参阅本书第44页）。通过省道的处理可使服装更符合人体的自然曲线。通常省道的省尖点围绕人体的某个突点，如胸高点，收掉的量是人体凹陷处的多余面料。

省道不仅是减少服装上多余量的有效手法，也能使服装穿着更加舒适。同时，对服装的整体美感和造型效果也很重要。

图2-8　**马里奥·施瓦博（Marios Schwab）2012年秋冬伦敦时装周作品**
省道设计在装饰有宝石的领口线上，使这件透明上衣的线条和轮廓更加清晰。

2–8

2–9

省道位置

省道既可用于装饰性，也可用于功能性。有些设计师甚至将省道作为他们发布会的主要特征来表现和发挥。

省道变换，即对省道进行转移位置或者消除等方面的操作。

根据体型，省道通常可以设计在以下几个位置。

衣身前片：胸高点；

衣身后片：肩胛骨凸点；

裙子前片：前腹凸点；

裙子后片：后臀凸点。

省道变换的两个方法如下。

旋转法：通过旋转纸样相关部分，合并原省道，在新位置打开省道（见肩省转移到袖窿省的例子）。这种方法很准确，在服装中应用广泛。

剪开法：将样板重新复制一份，标出省道的新位置，剪开新的省道线，合并原省道，样板完成后省道就会位于新位置上。

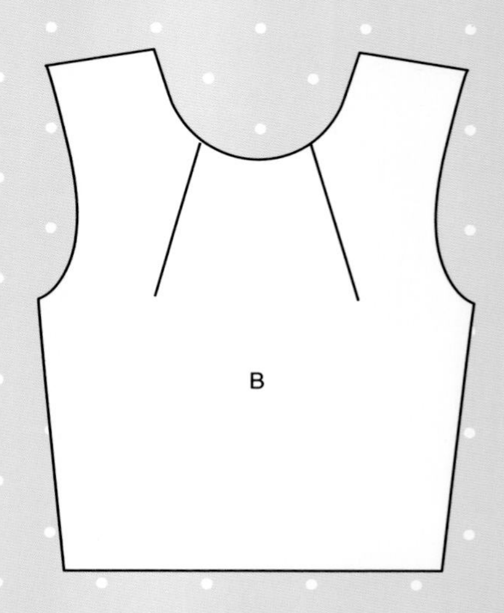

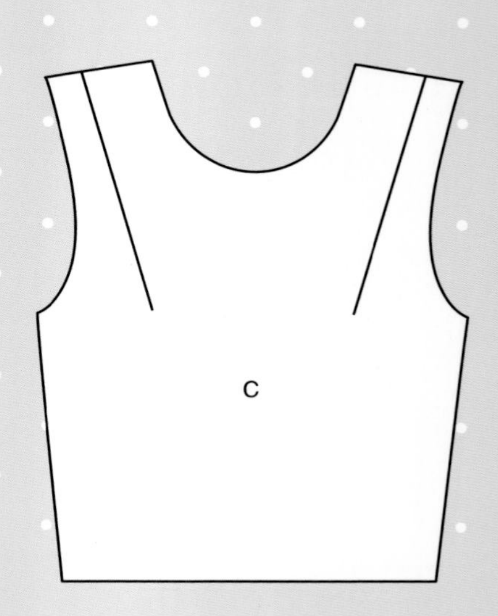

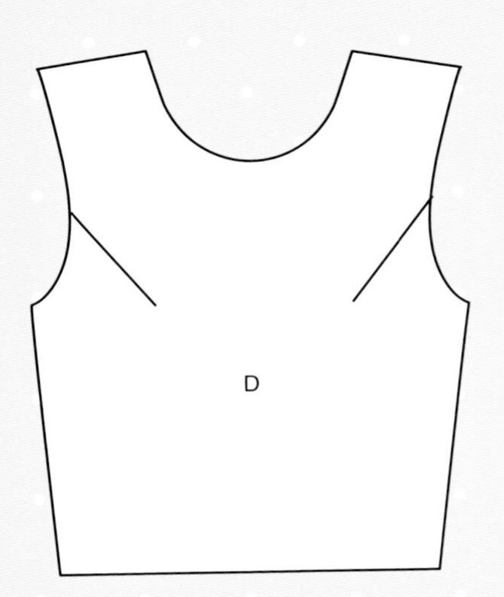

2–10

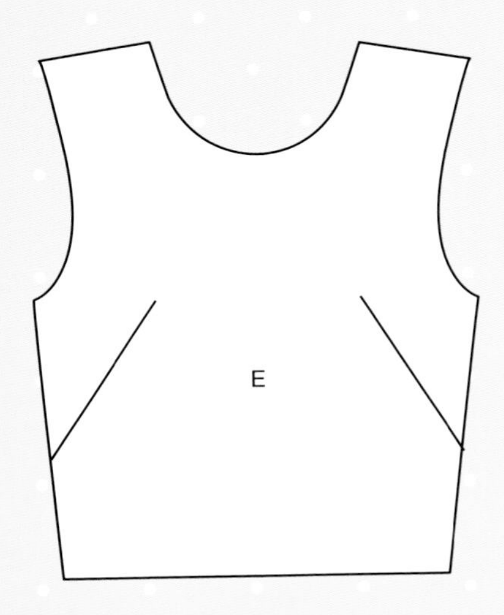

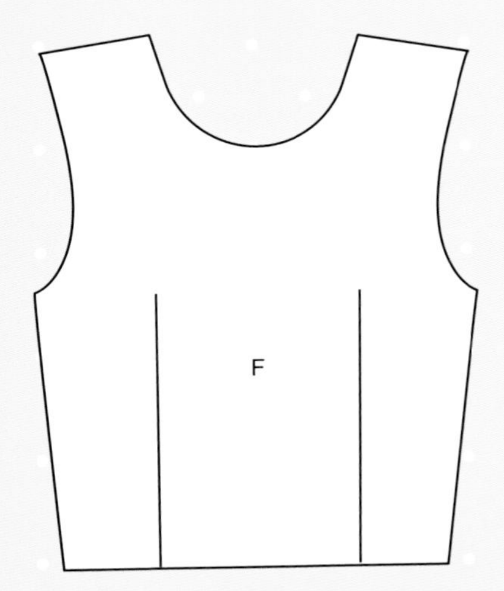

图2–9、图2–10　**省道变换**

图中衣身上的各省道说明了如何依据设计要求，通过旋转法和剪开法进行省道变换。

A. 胸间省

B. 颈省

C. 肩省

D. 袖窿省

E. 腋下省

F. 前腰省

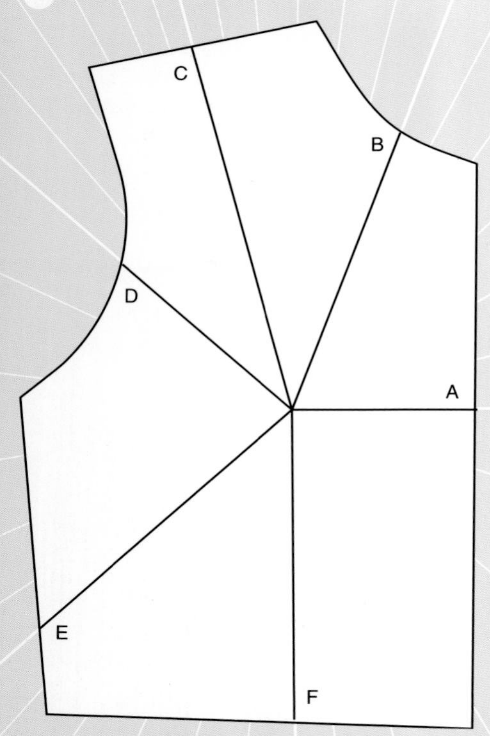

图2–11 **衣身前片的省道位置**
衣身上的每条线均表明省道可能的位置，所有省道线相交于胸高点，即所有省尖点都要指向胸高点。

省道类型

女装前片的省道位置：

A 胸省；

B 颈省；

C 肩省；

D 袖窿省；

E 腋下省；

F 前腰省。

图2–12 **马里奥·施瓦博（Marios Schwab）2012年春夏时装设计作品**
透明薄纱上衣的胸部和颈部采用了三种省道，分别是胸省、颈省和前腰省。

2–12

面料种类及选择

制作样衣的面料和服装实际生产所用面料都应与设计相符。例如，设计秋/冬季的服装需要厚重的面料，如果找不到理想面料，也要尽量选择类似面料来替代。这使得设计师常常要花很多时间，来考虑选材过程中涉及的所有因素，如服装发布会的色彩、主题、面料的手感和悬垂性等。因此，要想准确地实现服装设计的思路和创意，面料的选择至关重要。为了尽量减少面料选择方面可能出现的问题，要经常保持与面料供应商的联系。他们可以提供面料小样供设计师选择。

机织面料

机织面料从轻薄到中等厚度，再到厚重型，有各种不同的厚度。大多数由天然纤维组成，如棉、丝和麻等，当然这些纤维也常用于混纺面料中。一般情况下，机织物持久耐用，弹性较小，裁剪和缝制都比较容易操作。

通常采用纯棉白坯布作为替代面料制作样衣，这主要因为白坯布比较便宜。先调节和修正白坯布样衣的合体度以及款式和结构上出现的问题，然后再用实际面料制作。但是要明白，白坯布并非适合所有款式的服装，对于紧身型的服装，白坯布就不适合作为替代面料，选择弹力面料会更合适些。纯棉面料在裁剪前要对其进行预缩处理。

2–13

如果棉织物没有预缩，样衣或服装在熨烫时会因压力和水蒸汽的作用而收缩，造成尺码和合体性等方面出现问题。

羊毛是一种比较受欢迎的天然纤维，常常与其他天然纤维和人造纤维进行混纺，使服装的耐用性和外观大幅提升。羊毛的保暖性很好，是外套类服装（大衣和夹克）的常用材料。最常见的是绵羊毛，其他一些类型的羊毛，如羊驼毛，安哥拉山羊毛和羊绒等，这些比较奢侈豪华，是时尚和昂贵的代名词。

丝绸是一种要经过很多道工序整理才能制成的天然织物。真丝织物的透气性很好，夏天穿着凉爽轻盈。丝织物的染色性较好，根据染色过程和工艺的不同，所染颜色也会有所差异。真丝欧根纱的重量轻、透明度高，非常精细，处理这类织物时要格外细心。真丝双宫绸比欧根纱稍重些，并有不规则的粗节（表面稍微凸起），这使其纹理更加丰富。

图2-13　**巴索和布鲁克(Basso and Brooke)，2010年秋冬时装设计作品**
几何图案印花的丝绸和针织物的组合是这一系列设计的大胆之处。

针织面料

与机织物不同，针织物是编织而成的，具有很好的弹性，可以由天然纤维、合成纤维或两者混纺而成。内衣常采用轻薄的针织面料；厚重的针织物多用在运动服和休闲服中，具有较好的穿着舒适性。

图2-14　**里料**
涤纶里料有丰富多彩的颜色和各种不同的厚度可供选择。当然，里料也可选用丝绸和纯棉面料。

里料和衬料

衬料给服装提供支撑，使其外形更稳定、更耐穿。可以在衣领、袖口、口袋、腰带等部分加放衬布。机织物和非织造织物均可用作衬布。有些衬布通过热熔胶粘合在面料上，有些则是与面料缝合在一起。使用衬布之前，要评估其重量，确保所选衬布与面料重量相匹配，不会太重或太轻。

天然和合成织物均可作为里料。夹克、大衣、裤子、裙子以及连衣裙等服装上均有可能需要衬里。衬里使服装内部完整干净，隐藏了面料的缝份、衬布、以及袋布等组件。

2–15

熨烫和汽蒸

在服装和样衣上，经常需要用熨斗烫平折痕和褶皱，或者烫平接缝，或者通过熨烫的方法在衣服上增加设计痕迹，如裤子和裙子上的褶裥，领子和袖口上的翻折线等。

“半成品熨烫”不同于服装制作完成后的成品整熨，是指服装还处于面料状态或者半成品状态时，在服装制作工序中对面料或各部件进行熨烫。熨烫前要保证设备工作正常，熨烫温度要调节到适当的档位上。并且，要清楚熨斗和相关设备的安全使用方法。除此之外，还要了解织物的组合成分，以及后整理等方面的相关知识，这些对于正确熨烫都是必要的。

熨烫间中一般有熨斗和吸风烫台等设备。当加蒸汽熨烫时，通过脚踩吸风烫台下面的踏板将蒸汽吸走。烫台上面通常带有一个摇臂，用于熨烫袖子、衣领等小部件。

图2–15　**雷姆·阿克拉（Reem Acra）2005年春夏时装设计作品**
带褶裥的中长款裙子，款式优雅，结构丰富，动感飘逸。通过专业设备的处理，这些褶裥可以永久保型。

一些天然纤维制成的精细面料，如真丝雪纺，对蒸汽的反应比对压力更加敏感。如果熨斗设置的档位不正确，这类织物很容易被高温或蒸汽（如果使用蒸汽）损坏。

汽蒸（或蒸汽处理）是利用蒸汽来去除衣服上的褶皱或折痕。该设备包括一个圆柱形水箱和喷头，喷头用于均匀分配蒸汽和熨烫。水盛放在水箱中，当加热到适当的温度后，蒸汽会通过导气管从喷头喷出。服装可以悬挂着进行立体熨烫，而不是像普通熨斗那样只能平烫。

图2–16　**汽蒸**
如果采用平面熨烫，一些复杂的褶裥就达不到设计的预期效果。而采用立体汽蒸法熨烫，可保持造型的立体感和流动性。

样本资料集

样本资料集可以作为设计师的设计参考和创意源泉，它提供了没有任何限制的自由设计空间，有助于设计师创意的形成和发挥，也可以与第二阶段的设计过程协同工作。样本集是设计研发过程的一部分，可以用简单的图片集来代替样本集表达设计灵感，即情绪板或概念板。在这个阶段，设计师可以通过三维实践的方法来探索和研究设计的可行性。

在研发和实践阶段没有什么对与错，大多数情况下设计师能够精练或开发出在写生过程中不曾出现的新概念和新思路。研发和实践阶段的缝纫工作也并不一定要完整精细；当设计思路最终形成后，设计师制作白坯布样衣时，缝纫才要求完美精细，使样衣能够完全反映出设计意图，以便设计师去修正各种错误和完善设计。

图2-17 **过程审查**
一旦所需资料都已经准备齐全，就该审查、整理、精练这些材料，开始设计创意过程。设计师可能还会添加或删除一些细节材料。例如，将所有的图片或资料放在一起，摊开在桌子上，或用图钉固定在板子上，形成表情板，它是创作过程的一个平台，通过对表情板的审视和评估，来进一步深化和精练设计。

图2–18　**样本集**
将采样照片、面料小样和服装效果图或草图等资料都整理到一起形成的样本集，能为设计师提供设计参考和依据。

文本

在设计过程中设计师应尽可能多地作文本记录。文本记录可以有缩略图、草图、杂志或剪报等多种形式。其内容涵概了所有能够激发设计师创意的东西。虽然看上去有点像各种信息的混杂，但这一过程能够使设计师更深入地了解作品最终的外观和感觉。当通过手工或机器缝制好样衣后，就可以按照情绪板或概念板上所表达的思路来评价样衣是否达到了应有效果。

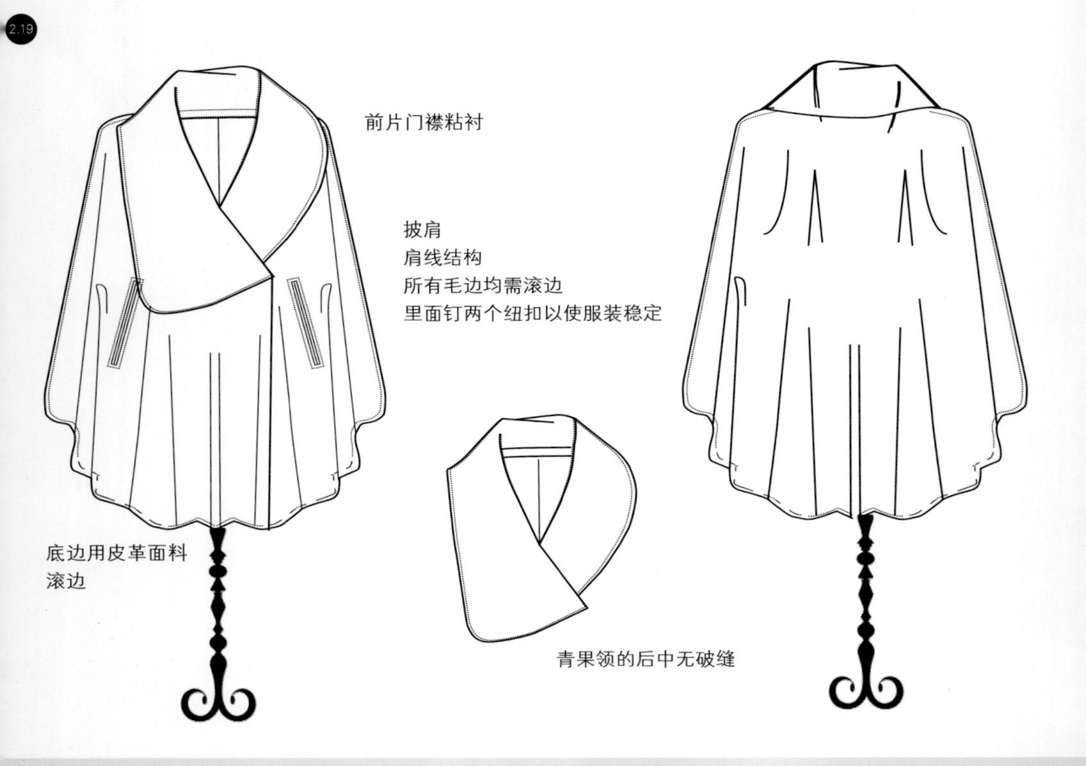

图2–19 **效果图**
效果图中要包含设计师需要突出表现的重点部分和主要特征。在图中用清晰的注释说明服装最终的外观效果，如装饰和配件等，并注释这些因素对服装整体效果的影响。

记录

记录过程可以通过最简单的绘画方式，也可以通过摄影和视频等方式实现。记录的内容包括你正在做的事情和所看到的各种素材。记录的这些素材可能会有助于日后产生新的设计理念，构思提炼出更有创意的作品。另外，通过光的复杂作用，各种事物给我们展现了丰富多样的光影视觉效果，可以将这些光影效果收集整理到样本资料集中，以备后续创作之用。

记录也包括应用CAD软件对资料和图片作进一步处理。例如，利用CAD软件中分层、扭曲、滤波等诸多功能对图片进行再处理，可以得到意想不到的效果，这些均可作为进一步创作的素材和样本。

图2–20 **海伦·范·里斯（Hellen Van Rees）2012年秋冬名为“方形1：太空时代的奇迹”发布会作品**
在传统粗花呢面料上做了立体雕塑般的方形造型，让现代设计与传统面料发生了碰触。

2–20

车缝拐角

当车缝拐角型的接缝时，可以先将一边接缝车缝到末端，然后再车缝与之相交的另一边。这种方法在制作样衣时是可以的，但用实际面料制作服装时就不行了，因为当修剪缝头后，接缝端头由于没有固定针而容易脱散。只要学会针的控制方法，就可解决车缝拐角的问题，同时也有助于更熟练地操作控制机器。

A

将两块相同的面料并排放置，正面朝上铺平。

B

将两块面料各边对齐叠放在一起。

C

缝份为1cm（0.39英寸），先车缝几针，再按下“倒缝拨杆”，打倒针固定。当车缝到第一个剪口时停止，并使针留在面料底下不要抬起。抬起压脚，转动面料，对齐下一条将要车缝的边。然后放下压脚继续车缝，重复这个过程，直到车缝完三条边。记住在结束时要打倒针加以固定。

D

修剪缝头，并修剪掉拐角处的小三角，将面料翻到正面熨烫平整。

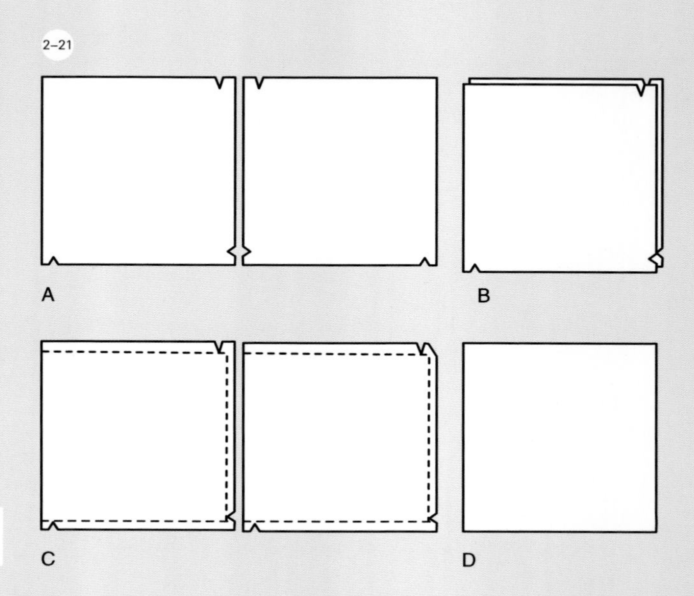

图2–21　车缝拐角

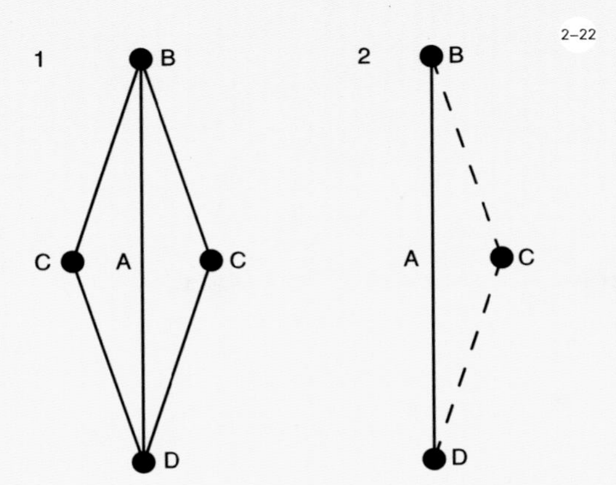

图2–22　**车缝菱形省**
该图显示了菱形省道的车缝方法。先从顶点开始车缝，在开始和结尾处均要打倒针固定，以防脱散。
A. 沿省中线折叠
B. 省道顶点
C. 省道中点
D. 省道末端
1 —在面料上标记出省道
2 —沿省中线折叠面料

菱形省和腰省

保证省道中间的左右两点对齐。

从B点开始车缝，起针时打倒针固定，沿BC向点C车缝。

当缝到拐角点C时停止，使针留在面料下面不要抬起。抬起压脚，转动面料对齐省边线CD。放下压脚，继续车缝到D点，在结尾处打倒针加以固定。熨烫省道，将省道的缝份倒向侧缝。

再试着用同样的方法车缝图2–23的腰省。

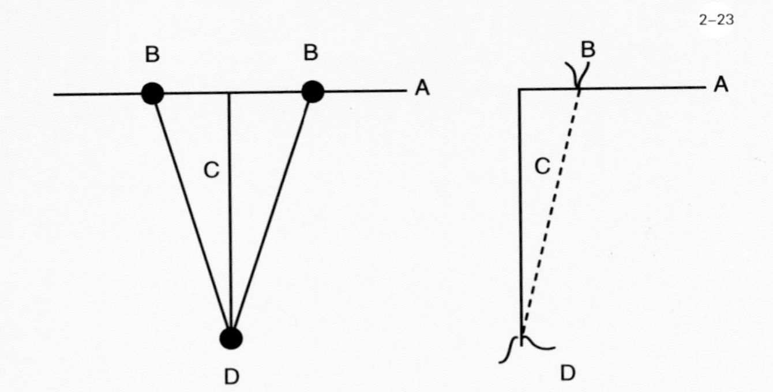

图2–23　**车缝腰省**
该图显示了标记在面料上的腰省形状及缝纫方法。车缝前先沿省中线折叠面料，从B点开始车缝，起针时打上倒针固定。车缝到省道末端D时再打倒针固定。
A. 腰围线
B. 省口大小
C. 省中线
D. 省道末端

实践3：车缝曲线

车缝曲线

在服装的各组件和局部分割线中常见曲线接缝，如衣领、袖口、口袋等部位。曲线缝合需要掌握一定的控制手法才能获得最佳效果。车缝曲线时需要注意的问题较多，不仅要求准确，还要求接缝完成得平服顺畅，除非是专门设计的各种异型接缝。

先用一块半圆形面料练习曲线车缝，当练习熟练更有信心时，再练习整圆形状。开始练习时要缓慢地车缝，尽量使接缝圆顺，先可以不用管边缘的牢固性。

A

两块面料并排放置。

B

将面料正面相对，起始端剪口对齐放在一起，开始缝制时要打倒针固定。

C

仔细而缓慢地车缝，边缘对齐，车缝到B处时要保证上下剪口对齐（车缝时上下层面料不会完全重叠对齐，因为要不断地旋转上层面料）。继续车缝到点C处，也要保证上下剪口对齐。继续车缝到末端并打倒针固定。

D

车缝完成，修剪缝头。在曲线缝头上均匀打上V形剪口，注意不要剪到缝迹线。这样容易使曲线伸展烫平。

E

根据需要修剪缝头，展开烫平。最终完成样品的曲线车缝。

2–24

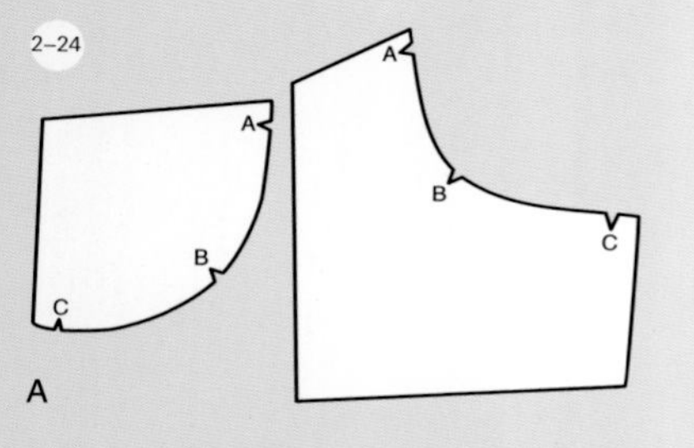

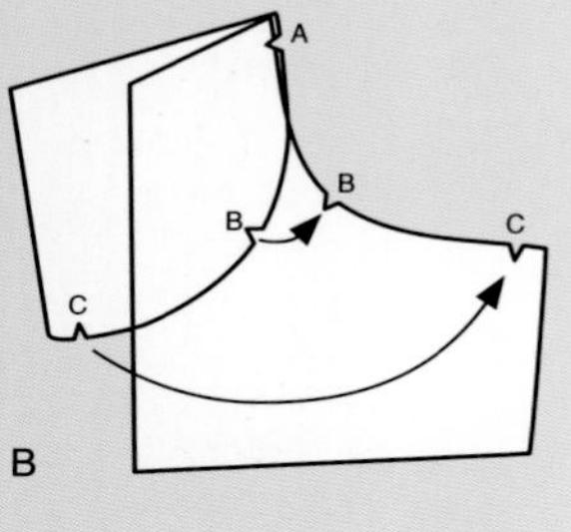

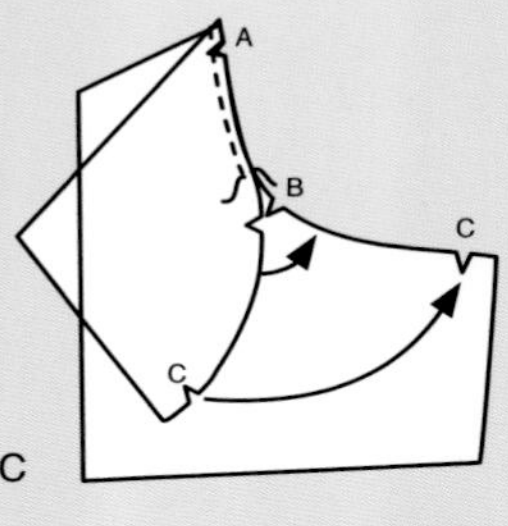

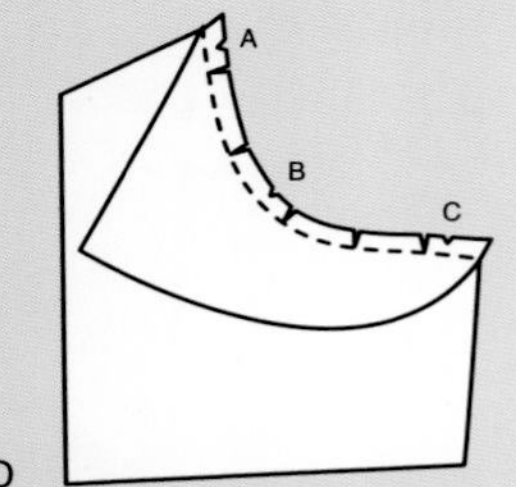

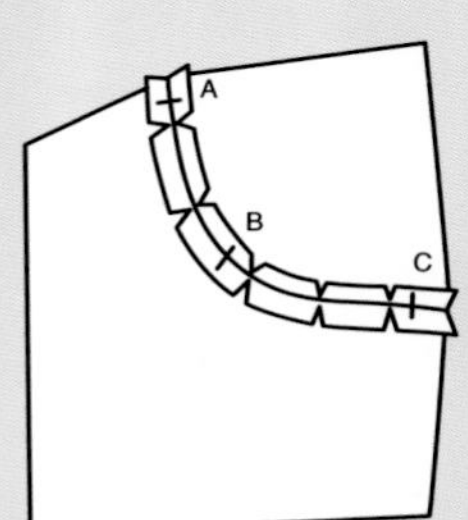

图2–24　车缝曲线
左图说明了如何通过不停地旋转面料来车缝曲线，使曲线接缝平整顺畅。

图2-25　**郝魁（Qui Hao）2011年秋冬巨蛇星座系列作品**
在具有缎面效果的大衣领子上装饰有绗缝明线。

问题解析

当检查缝纫机可能存在的问题时，首先要检查缝纫机的面线是否绕线正确。穿针时最好使压脚处于抬起状态，这样更容易操作。然后检查梭芯和梭壳是否正确绕线；底线的线头是否正确地卡在梭壳线槽中；拉动底线时是否滑动自如，如果不是，需要调节“底线张力螺丝”（螺丝应该不松不紧，能够轻松地转动）；梭芯/梭壳是否正确地插入到机器的梭子上。工作室中可能有各种不同型号的缝纫机，不要相互交换各个机器的梭芯，否则可能引起缝线张力的变化，从而破坏缝纫工作。

机器上面的缝线张力转盘如果调节不当会引起面线的张力问题。缝线张力转盘的主要作用是控制面线张力大小，使其能够均匀缝纫。若张力太大会导致面料牵拉抽皱，甚至卡住不走；若张力太小会导致缝合不牢、缝线松散。因此，一定要将张力盘调试到合适位置。

车缝曲线往往较难操作，要将两个相反弧度的曲线缝合匹配到一起，如果处理不当的话，接缝就会起皱不圆顺。为了避免起皱，最好减慢机器的运行速度（一般在机器下方有一个速度调节旋钮，根据机器的型号不同，所在位置也有所不同）。这样更容易控制机器，车缝时要使剪口对位准确，从而车缝出具有专业水平的平滑圆顺的曲线。

省道的车缝也会出现一些问题，缝完后有可能出现长度不均匀的现象，也有可能在底部出现皱褶。如果遇到这些问题，如前所述，调慢机器再进行操作。当车缝到省道底端时，确保最后几针与布料边缘重合，并打上倒针固定，打倒针时沿着面料的边缘车缝。在熨烫时不要用力拉面料，否则会使造型扭曲拉伸而产生变形。

最后请记住，所有的缝纫技术都需要不断地练习才能掌握。

图2–26 **问题示例**

A. 熨烫不平服

曲线袋口的明线在靠近侧缝边不平服。这是由于在车缝明线之前没有将袋口熨烫平整。所以在缉明线前要保证熨烫平整。

B. 条痕

在弧形袋口B处出现“条痕”，即车缝明线后出现的凸浮现象。去除或减轻这一弊病的方法是将缝头修剪得当，以减小缝头引起的膨胀感。这样接缝就比较容易熨烫平整，从而车缝明线后也就不会出现不良皱褶和条痕。

2–26
B
A

艾达·让得腾（Ada Zanditon），出生和生活在伦敦，毕业于伦敦时装学院。2009年9月，艾达在伦敦时装周举行了作品秀——时尚侦察。艾达认为品牌的核心理念是一种可持续性的商业模式，这是她不断进取和寻求发展的目标。不断地广泛寻找可持续发展的纺织品源泉，这是她的一部分设计理念，也是对多元体系的信念。

您的灵感来自哪里？

我的灵感来自于对环境和现代建筑的科学观察，以及对历史的回顾和对未来的幻想。我也从进化论和仿生学中得到启发，经常通过尝试模仿自然界中各种事物的演变从事创作。

您是否认为创作的过程需要涉及制作完成一件服装的各个方面？

是的，我相信创作过程要涉及完成一件服装的每个环节。从开始设计到最终作品，所有关于设计、技术和可持续发展方面的问题，我们在创作过程中都要考虑到。

在您的作品中是如何表现可持续发展的？

从创作伊始，我们就要使各方面的工作尽量达到可持续性发展的要求。首先，从所使用的面料和材料做起，再到生产方式，以及我们宣传品牌的方式。我们创造性地传达讯息，试图使这两者能够完美结合。

品牌的使命是通过时尚产业着眼服务于主流人群，他们或许没有意识到可持续性发展问题。

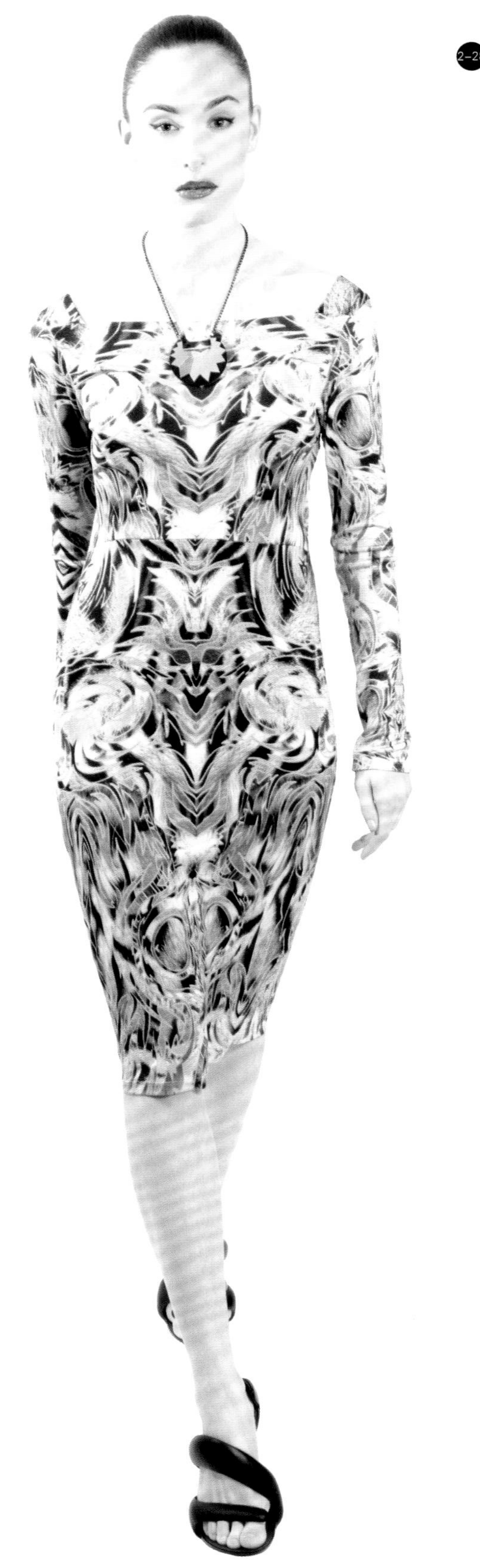

“品牌的使命是通过时尚产业着眼服务于主流人群，他们可能没有意识到可持续性发展问题。”

——艾达·让得腾（Ada Zanditon）

图2-27～图2-30 **艾达·让得腾（Ada Zanditon）2013年秋冬“成熟优雅的女人”时装展作品**
从道德伦理性获得的灵感，形成了保守性女装风格。

在您的创作过程中，需要投入多长时间来考虑缝纫工艺方面的问题？

很难具体地量化到底需要花多少时间，然而，无论我们设计创作任何服装，缝纫都是整个工作过程中的核心部分。为了确保得到最满意的效果，我们总是在工作室中先制作出样衣，然后再交给工厂生产，以使工厂能够达到我们要求的标准。

在观看时装秀时，您觉得装饰或者配件很重要吗？

是的，我认为装饰和配件是服装的一个重要特征。因此，我们总是尽可能将装饰和配件设计成自己品牌的独特风格。当对某件服装的装饰物和配件有了新颖独特的创意时，大部分我们都自己设计，因为很难从其他地方找到相类似的。而这也是我们设计工作中很重要的一部分内容。

在服装的实现过程中，缝纫有多重要？

缝纫是最基本、最重要的一部分，其中缝纫质量是首要的，是作品成败的关键。我们手工完成滚边和服装内外部的许多细节，所以不仅车缝质量重要，手工缝纫质量也很重要。我觉得正是这些高质量的缝纫才使我们的品牌兼备高品质和独创性。

您最喜欢用哪种面料？

我们广泛使用新型可持续性发展的绿色材料，包括：公平贸易的有机棉、竹、天丝棉、铝合金丝、再生木材以及生产线下游的可回收材料和英国约克郡织造的毛织物。

您对年轻设计师有什么建议？

我建议年轻设计师要有明确的商业计划、要清楚自己的客户、要具有自己独特的销售理念。另外，将自己热衷的产品高效地销售出去同样很重要，很有可能要花几季的时间，才会有良好的销售业绩。所以，最重要的是服装设计是你真正喜欢的事业，愿意全身心地投入到品牌中去，与同事携手共进。

3–1

第3章 服装扣件

图3-1　**钩扣**

这件衣服的钩扣纯粹是为了细节的美观而设计的，巧妙地与上衣和袖口的珠片相搭配。

扣件形式

在许多时装展中都可以看到某些扣件设计得非常巧妙，富有创意，给人很强的视觉冲击。从纽扣到拉链，几乎任何东西都可以用作服装的扣件。扣件的主要作用是封闭服装，但也可以纯粹作为装饰。服装的扣件可以设计得细微而隐蔽，也可以大胆而显眼。在选择扣件的种类和形式时，无论何时都要全面考虑服装的款式、整体造型以及所用面料等因素。

拉链的选择要根据用途，同时考虑面料的厚薄，选择与面料相适应的拉链。

平时要用心留意和收集各种类型的拉链，这样就有机会尝试各种不同拉链的安装方法。此外，还要考虑所设计的拉链是以功能和功效为主，还是仅以装饰效果为目的。大多数拉链都由金属或塑料制成；一些专用的防水服拉链由合成材料制成，这种拉链是通过胶粘或热塑的方法粘合到服装上的，而不是采用传统的缝合方法。

隐形拉链：隐形拉链安装完后，拉链牙应隐藏在衣服的缝合缝中，在服装正面看不到装拉链的线迹，隐蔽性较好。因此，隐形拉链多用于女装的礼服和裙子，可使服装外观干净整齐。

普通拉链：常用于夹克、裤子、牛仔裤、短裙等服装上。拉链通常隐藏在门襟下面，门襟上常常车缝明线。这种拉链有轻薄和粗厚型两种，也可以作为纯装饰性的目的使用。

双向拉链：多见于大衣、风衣、运动类的服装上。这种拉链的两头可以完全分开，便于穿着，常有两个拉链头。多数情况下这种拉链都比较粗厚，由金属或塑料制成。

图3-2 **隐形拉链**
接缝中安装了隐形拉链，拉链旁边的明线仅起装饰作用。

图3-3 **山本耀司（Yohji Yamamoto）2006年春夏作品**
在夹克的衣身前片装了拉链，使服装的内部若隐若现。

3-3

3–4

纽扣

纽扣是最古老的一种服装闭合形式，其历史可以追溯到青铜器时代，它最初作为装饰使用，后来逐渐用作服装的扣件。天然和合成材料均可制作纽扣。纽扣的图案可以设计制作得非常复杂精美，也可以简单平实。根据需要也可以仿制一些传统经典的纽扣，它们的制作工艺比较简单。纽扣可以设计成各种形状和大小，但如上文所述，如果纽扣的设计是要产生具有视觉冲击的装饰效果，那么在服装设计的初始阶段就要着手构思纽扣，因为为整个系列的作品找到合适而匹配的纽扣可能要花很长时间。

制造纽扣的材料来源广泛，如塑料、金属、木材和贝壳等。大部分纽扣是圆形的，但也有方形、椭圆形、三角形的。有些纽扣有扣孔，有些有扣柄（在纽扣背面有个扣脚）。厚重的服装比较适合用有扣柄的纽扣，如外套类，因为扣柄提供了面料厚度所需的空间量，使服装扣合后平整美观、便于活动。

纽扣虽然是最普通的一种扣合方式，但它们丰富多彩，应用起来非常具有趣味性。实际应用时通常需要考虑以下几点。

缝纫线的颜色要与服装颜色相匹配，除非你专门设计成对比鲜明的效果。

纽扣的大小应与面料的厚薄相匹配。因为小而轻的纽扣用在厚重的面料上，会显得不够沉稳，大而重的纽扣用于轻薄的面料，会显得过于突兀。

如果要为服装配纽扣，最起码要有一个面料小样做参照。

有机会的话要尽可能尝试各种不同类型的纽扣，如包扣、皮革扣、金属扣等。

开扣眼之前一定要确定纽扣的大小，因为扣眼一旦剪开就很难修正了。首先确定扣子的位置和均匀的扣间距。其次，考虑扣眼的大小，扣眼不宜太大，能够轻松通过扣子即可。作为参考，扣眼可比扣子直径大3mm（0.12英寸）左右。

图3-4　**2013年春夏米兰时装周第2天的街头时尚**

时尚博主琪亚拉·法拉格尼(Chiara Ferragni)身穿乔治·阿玛尼(Giorgio Armani)品牌的蓝色真丝高领礼服。礼服正面的装饰花朵体现了“女人如花”的美喻，同时装饰花也正好巧妙掩盖了服装的扣件。

扣眼

水平方向：大衣、夹克和羊毛衫等一般服装均采取水平方向的扣眼。水平扣眼能够承载服装上各个方向的应力，具有良好的稳定性。

竖直方向：男衬衫和女衬衫的搭门通常较窄，所以多选择竖直方向的扣眼。另外，考虑到服装所需承载的应力，也可以根据需要改变扣眼方向。

圆头扣眼：类似于钥匙的形状，扣眼的一头是圆形，其他地方与普通扣眼相同。这种扣眼传统上用于厚重型的服装，纽扣的扣柄可以在圆头孔内活动自如。

平头扣眼：扣眼剪成直线型，将毛边用线锁起来，线的颜色一般与面料相同，也可以用对比色。

“对我来说，服装是自我表现的一种形式，你的穿着暗示着你是怎样的人。”

——马克·雅各布斯（Marc Jacobs）

图3-5 **平头扣眼**
双排扣皮夹克，配有平头扣眼和带柄纽扣。

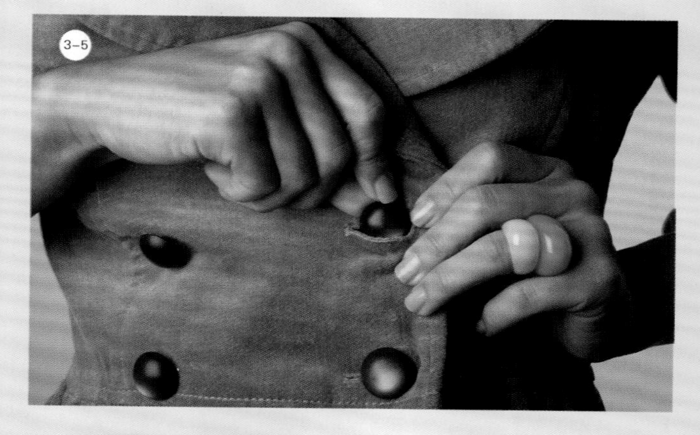

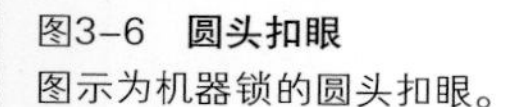

图3-6 **圆头扣眼**
图示为机器锁的圆头扣眼。

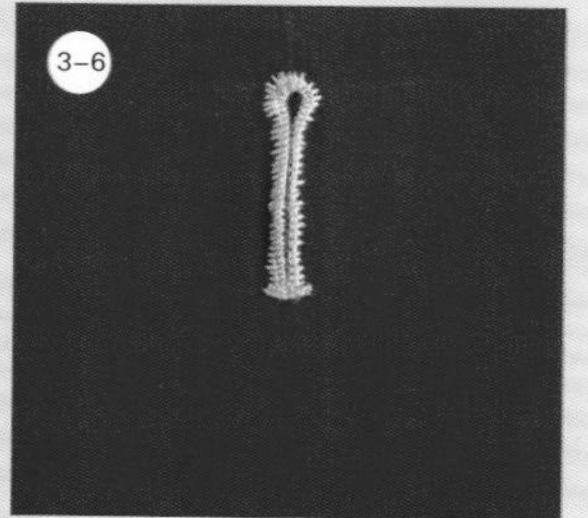

图3-7 **安·迪穆拉米斯特（Ann Demeulemeester）2009年秋冬作品**
拉链和衣领上的风纪扣的细节设计，体现了外套的实用风格，风纪扣的设计是张显性的，而非隐蔽的。

3-7

钩扣和揿扣

钩扣有各种不同的形状和尺寸，而揿扣的形状通常都是圆形的，只是大小不同。

钉钩扣时，一定要在扣位上准确地作标记，这样左右对合时才不会错位。针不要扎透面料，即服装的另一侧不要露出线迹，以免影响整体的美观。

最稳定的是金属类钩扣，所以金属扣子适合用于受力较大的部位，如腰部。

比较精致的圆形钩扣多用于礼服的领后中。

揿扣，也称为按扣，多为圆形，由两半组成，一半插入到另一半中闭合起来。有时也将左右两半分别称为“一公一母”。

揿扣的两半分别钉在服装的左右两侧，通过按压揿扣使服装扣合起来。按压所需的力量要适中，使揿扣以适当的力度扣合服装。揿扣太松或太紧都会影响服装的穿着和美观。钉揿扣时，一定要准确标记扣孔位置，左右两半要完全对齐。

图3–8 **维多利亚与阿尔伯特博物馆中藏品——紧身胸衣**
维多利亚以及爱德华七世时期的沙漏型紧身胸衣，用钩扣将前后片在侧缝扣合起来。

图3–9 **让·保罗·高提耶（Jean Paul Gaultier）2013年秋冬作品**
模特穿着带有揿扣开口的短裙，搭配合体短夹克，夹克上也有与裙子相匹配的揿扣，揿扣的设计是该款服装的亮点。

3-9

3–10
12

过程回顾

对整个设计过程的回顾是对自己创作进行反思的过程。可以重新考虑一下是否达到了预期的设计理念。如果没有，则考虑如何修改以完善设计。这意味着重新评估设计的合理性、改变一些方法、修改和完善样衣。回顾可以在设计或创作的某阶段进行，例如，在样衣的制作和修改过程中，或者新品的研发和创作过程中。

利用这个回顾过程，可以对创作过程进行斟酌反思，不断地超越最初的设计思路，从而创作出令人耳目一新的作品。

回顾时可以参阅样本资料集：反复斟酌还有什么可以改进？是否记录了整个创作过程？还有什么地方需要改变？是否用类似的其他材料做了相应的尝试？如果没有，那么选择可行的工艺方法进行尝试和试验。

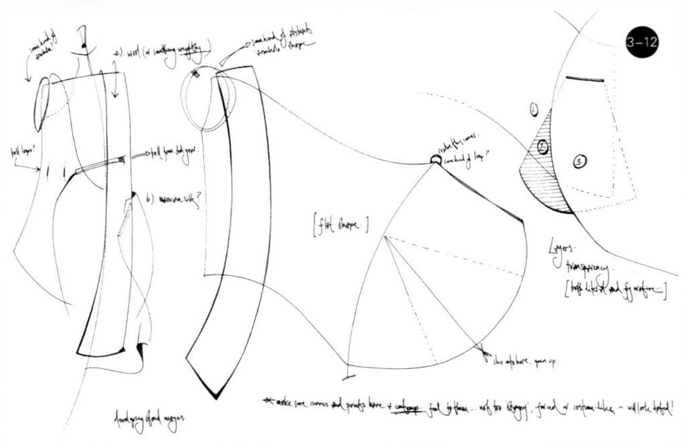

图3-10～图3-12　**学生作业**
这个学生作业的主要目的是研发缝纫工艺。图中所示为裙子的设计稿，表明了服装的功能和一些细节的处理。人体模型上展示的是学生依据设计制作的样衣。在过程回顾中，要反思和审查设计和制作过程中涉及的所有元素是否到位，并确保所有信息都有效地记录了下来，以备将来用于设计参考。

实践4：安装拉链

要掌握装拉链的技术需要多加练习。第一次装拉链很可能达不到最好的效果，但要不断地努力尝试，学习中关键要有耐心。装拉链前首先选择拉链的长度，要与服装开口的长度相当，如果拉链太长，将它剪短些，或者选择短一点的。其次要有装拉链的专用压脚（请参见第21页），将拉链压脚安装在缝纫机上，并用一块零碎布料检测缝纫机的线迹和压脚是否正常。根据需要将机器的速度调节到合适的档位。要建立自信，可以先用手工将拉链缝到需要安装的位置上，再用机器车缝。但是尽量不要用大头针固定拉链，因为一旦车缝到大头针就会损害机器，尤其是当针卡在机器里时，会严重损坏机器。

安装拉链：第1部分

采用下面方法安装的拉链线条干净、外观简洁。当然需要一定的练习才能达到较高水平。需要准备以下材料。

- × 隐形拉链（任意长度）；
- × 两块白坯布[比拉链长10cm左右（3.93英寸）]；
- × 隐形拉链压脚。

图 3–13

- × 将拉链的一边正面朝下，与布料正面相对放置；
- × 将隐形拉链压脚尽可能地靠近拉链齿根进行车缝。在距拉链端头约2cm（0.78英寸）处停止；
- × 用同样的方法车缝拉链另一侧。

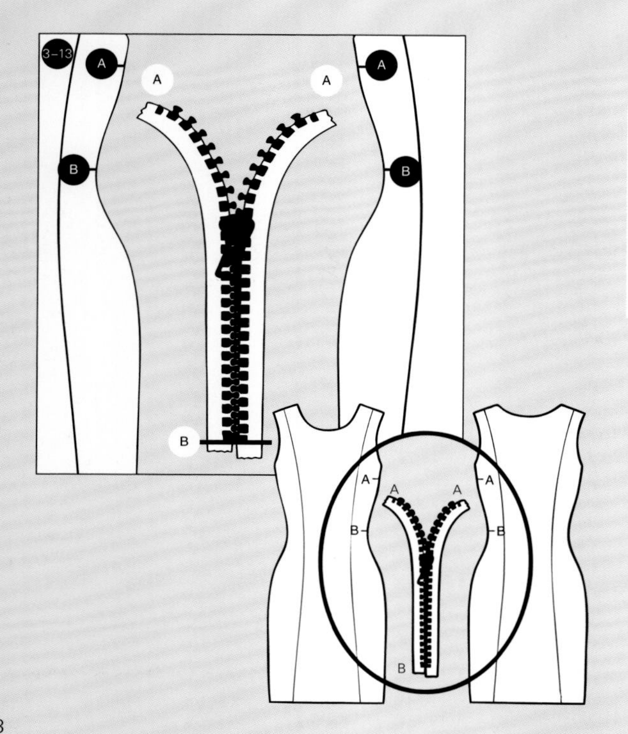

图3–13　**安装拉链**
此图显示了拉链的安装方法。拉链的顶部与面料顶部对齐放置。
说明：
A. 拉链顶端
B. 拉链末端

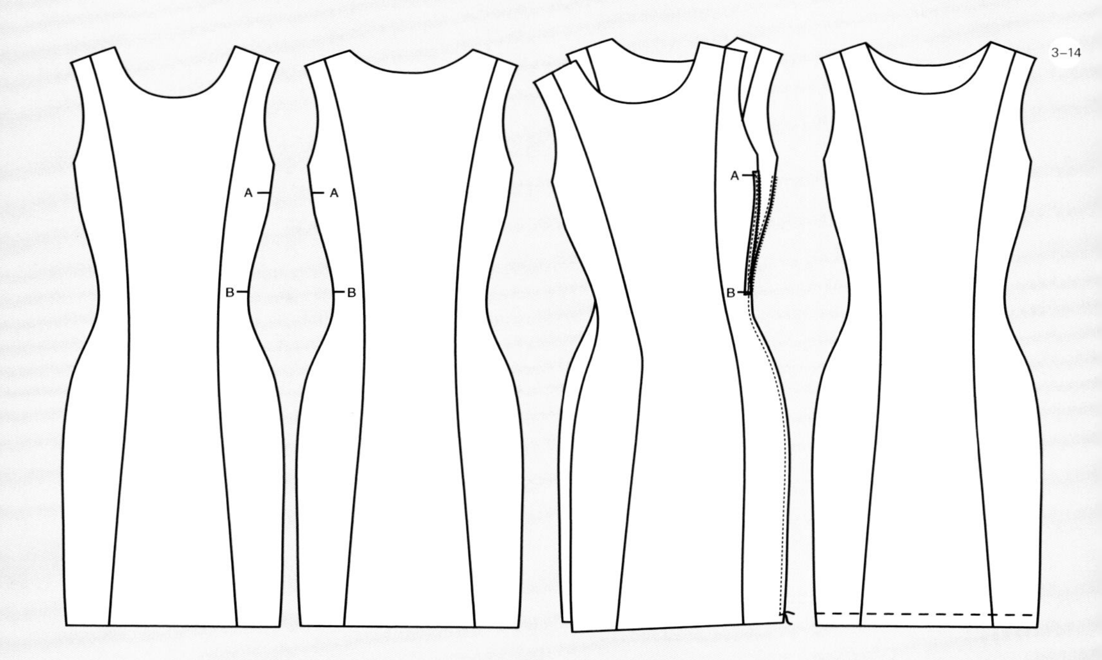

安装拉链：第2部分

需要准备以下材料。

× 平缝机压脚。

图3–14

× 将隐形拉链压脚换成平缝机压脚；

× 将已经装好拉链的两片面料正面相对放在一起；

× 从下摆处开始车缝，缝头为1cm（0.39英寸），一直缝到拉链末端；

× 继续车缝拉链以上部分的侧缝及肩缝，缝头均为1cm。

图3–14　在侧缝安装拉链

此图显示了如何在侧缝安装拉链。本例为隐形拉链，拉链安装完后再车缝侧缝。

问题解析

装拉链时可能会出现很多问题，特别是车缝拉链端头。如果问题出现在拉链头处，先将拉链拉下来，使它处于打开状态再进行车缝。这样可以避免安装过程中，拉链头附近可能出现的缝迹和缝头不均现象。

无论什么类型的拉链，装完后都要检查是否可以上下自如地拉动。对于隐形拉链要注意：确保缝迹线尽量靠近拉链齿，这样装完后在服装的表面才看不到拉链（表面看起来只有一条缝合线）。相反，线迹也不能太过靠近拉链齿，否则缝合线迹会阻碍拉链头的上下滑动，影响拉链正常使用。对于普通拉链，拉链头的顶端最有可能出现缝头不均匀的现象。可以按照78页的方法，将拉链拉开进行车缝。

如果在服装正面可以看到隐形拉链，那这样隐形拉链的安装是不成功的。要改善这种情况，需将拉链拆下来重新车缝。压脚要尽可能靠近拉链齿放置，刚好压在拉链齿根处。

在服装反面如果出现缝头不均匀的现象，通常是由于缺乏对机器的控制能力而导致的。为了避免这种情况，可以分阶段车缝，用不断地“停止/开始”的方法车缝（停止时机针要留在布料下面），停下来确保缝迹顺直后再继续车缝。

图3-15　**问题示例**

A. 样件正面

如图所示，隐形拉链安装完后，面料的正面明显可以看见拉链。这表明缝纫线迹没有完全靠近拉链齿根。修改时要将压脚尽可能压在拉链齿根处。

B. 样件反面

在样件的反面，可以看到装拉链的缝头明显不均匀。为了避免这种情况，可以分阶段车缝，用不断地“停止/开始”的方法缝纫，停止时检查缝迹线是否顺直，压脚和机针是否位于正确的位置，然后继续车缝。这样一段一段地车缝，最终会理想地安装完拉链。

3–15

乔纳森·杰普森（Jonathan Jepson）是伦敦的一位时尚设计师，他的客户遍布伦敦及欧洲各地。2012年，乔纳森毕业于英国德蒙福特大学，获得艺术设计学士学位。大学毕业后，学校曾给他在伦敦时装学院攻读硕士学位的机会，但他最终放弃了这次机会，而是选择了进入企业，通过实践学习来积累经验。从那以后，乔纳森开始在高街为一些品牌做设计，如巴宝莉（Burberry）和奥兹瓦德·博阿滕（Ozwald Boateng）。

您的灵感来自哪里？

我的灵感来自很多方面，多数情况下来自于围绕死亡和孤独所收集整理的资料样本，因为死亡和孤独是我们灵魂最终的归依。我将所有反映死亡的图片都收集到我的样本资料集中，作为设计各种肌理和织物的灵感源，而不仅仅是局限于服装造型的设计。另外，灵感也来自一些音乐家的音乐，如安东尼（Antony）、约翰逊（the Johnsons）、基顿·亨森（Keaton Henson）等，他们的音乐能唤起我的恐惧和孤独，以及我们情绪和情感上脆弱的一面。

您是否认为创作的过程需要涉及制作完成一件服装所需的各个方面？

就我个人而言，直到我确定出作品所要表现的情感和方向之后，细节的设计、服装的制作以及发布会的定位等，各方面的具体事项才开始启动。有时候直到开始裁剪时才能最终定下来。

图3-16～图3-19 **乔纳森·杰普森（Jonathan Jepson）及其男装系列作品**
以黑色系为主的奢华运动装。针织品、聚氨酯材料和丝绸等混合使用，构成了这一系列的男装。

3–17

您什么时候考虑服装所需的缝纫技术?

当开始裁剪服装时，或者服装所用的各种面辅料确定下来后，就要考虑所需的缝纫工艺了。当样板或者面料改变时，要随之考虑与其相对应的缝纫技术方面的问题。

在您的创作过程中，需要投入多长时间来考虑缝纫工艺方面的问题?

与设计所需的时间一样，考虑缝纫工艺上的时间取决于发布会规模的大小。一般情况下，从开始设计到最后的样衣阶段，我都会不断地斟酌最适合的缝纫工艺。一旦样衣最终确定下来，就不需要再考虑具体的缝纫方面的问题了。

在观看时装秀时，您觉得装饰或者配件很重要吗?

对我来说，只有在对服装的合体性和廓型都满意的情况下，才会考虑服装的装饰和配件。我会考虑服装的纽扣、拉链、配饰等，并将这些元素放到最终的样衣上进行评价。

在服装的实现过程中，您认为缝纫有多重要?

我认为缝纫及其相关技术非常重要。不恰当的缝纫不仅影响服装的品质，而且影响整件作品的美感，尤其对于那些披挂式和悬垂式的服装影响更甚。

“不要因拒绝而使自己失望，时尚艺术是感性的，一个品牌可能拒绝你的设计，但另一个可能会欣赏你。”

——乔纳森・杰普森（Jonathan Jepson）

3–19

您最喜欢用哪种面料?

服装发布会上所选用的面料主要取决于设计的灵感源，以及情绪板上所表达的思想。但我比较倾向于奢华的面料，如皮草、皮革、异国风格的皮革、真丝雪纺、精致的花边以及具有弹性的运动型真丝混纺面料，像帕泰克斯（Partex）、真丝针织物等，还有纯棉面料，男式衬衫我总是选100%的纯棉面料。

您对年轻设计师有什么建议?

我给涉足这个行业的人的唯一建议是学会与人交往！不要安静、羞怯地呆在角落里，没有人会记住这样的人；要积极踊跃地参与到各种社交活动中去，你永远都无法预测会有什么样的际遇，或者出现什么样的结果。此外，不要因拒绝而失望，时尚艺术是感性的，一个品牌可能拒绝你的设计，但另一个可能会欣赏你。

4-1

第4章　专业整理

秀场背后

任何一场秀的背后都暗含着大量的工作和巨大的付出。有些设计师的整个团队都会参与到服装发布会的筹备工作中去，从面料的选择和采购，到秀场的设计和筹备等；特别是对于那些年轻设计师，他们的工作范围几乎涉及各个方面，整个身心都投入到发布会的筹备工作中去。

从设计师身上我们可以了解到，创作的过程几乎涉及所有层面。二维和三维的设计方法不但是不可分割的，而且还要紧密地结合起来，以构思出新的创意。包括对最初目标的重新评估、修正和完善。

在本章中，我们将探索秀场背后所涉及的各项工作，从设计构思到制作样衣等所有相关的事务。有创意的设计要借助各种有创意的技法才能得以实现，包括合理选材、表面处理、巧妙装饰、服装工艺等各种因素和技术的结合。在本章中，提供了一些设计师构思和筹备发布会时的特别见解和观点。从他们的访谈中，读者可以了解到设计师们是如何创建自己风格的品牌，以及大众是如何看待他们的。

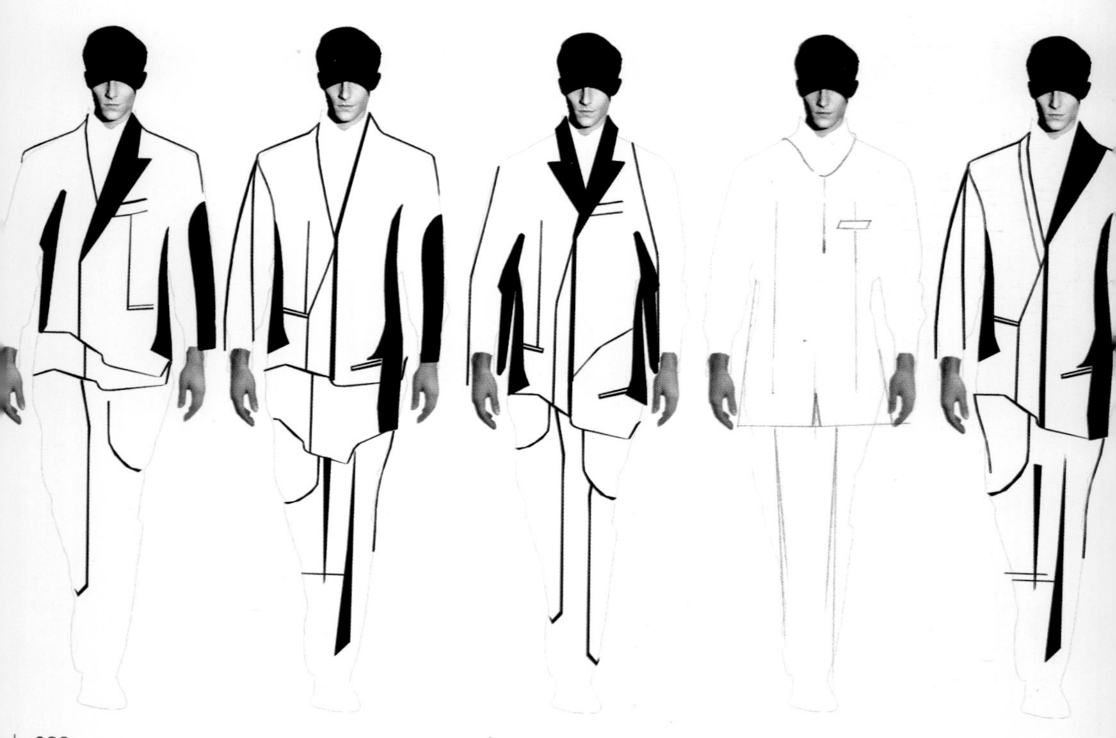

从这些访谈中还可以看出，设计师们是如何挑战自己的，他们不断地尝试各种新型技术以保持设计的新颖性。通过本章读者可以了解到设计师是如何传承传统的缝制工艺，包括各种手工工艺。虽然这些传统工艺历史悠远，但是，设计师将它们与现代工艺有机地融合在了一起。此外，本章中还讨论与面料选择相关的问题，即如何选择恰当的面料来表现作品的造型、风格和主题。

加拿大的林咏月（Yvonne Lin）将传统的打褶和剪切技术进行了创新，展现出独特灵感和设计风格。艾玛·哈得斯戴夫（Emma Hardstaff）作品的廓型设计令人印象深刻，展现了她在处理面料和缝纫方面所具有的天赋和技巧。设计师方米勒约·德里（Funmilayo Deri）设计的作品结构典雅，带着神秘感。路易丝·斑尼特（Louise Bennetts）从建筑中找到设计灵感，她那令人震惊的作品从不同层面向人们诠释了何为传统。最后的案例是国际著名设计师艾莉·萨博（Elie Saab），本章介绍了他的生活背景、独具创意的设计灵感和其优雅的高级时装作品。

通过对这些设计师的了解，你会认识到设计的灵感无处不在，但是，只有一个经验丰富、思维开放、信念坚定的设计师才能将它们发现。

4-2

图4-2 **2013年布莱奥尼（Brioni）品牌男装获奖者丹·WJ. 普拉萨德（Dan WJ Prasad）作品**

布莱奥尼发布会的最终阵容重新定义了传统男装。

2012年，林咏月（Yvonne Lin）毕业于加拿大瑞尔森大学（Ryerson University），获得了时装设计专业的学士学位。2012年她在巴黎时装展中获得冠军，还获得在夏威夷举办的本科生ITAA目标市场奖（Target Market Award），以及在多伦多举办的西奥·柯林斯（Theo Cokkinos）纪念奖和弗兰克·兰多（Frankie Landau）服装设计奖。

图4-3～图4-5 **林咏月及其设计的裙装细节**
白色、切割小牛皮的礼服细节特写。

您的灵感来自哪里？

“形成”——这个系列作品的艺术灵感来自于迈克尔·汉斯迈耶（Michael Hansmeyer）的“装饰柱”。迈克尔是苏黎世的建筑师和计算机程序员，他运用算法将抽象的多立克柱（Doric Columns）转换成多维切割面的复杂柱体。“该柱子约2.74m（9ft）高，907.18kg（2000lb）重，由2700个1mm厚的薄板组成，以木芯为轴叠放在一起，包含800万~1600万多个面”[摘自：2010年7月约翰·史密斯（John Smith）在帕夫卢斯（Pavlus）杂志上对“装饰柱”的描述]。这个装饰柱无论是建筑细节，还是设计方法都给我提供了设计灵感。

“形成”这个系列的作品采用了装饰柱的切割形式，采用白色面料，将二维的面料通过切割转化成三维的立体形式。切割的柱体可以作为生活复杂性的象征。我用手工打褶来象征统一和分离，用3D皮革切割技术产生的波纹效果比喻生活中的各种盛衰沉浮。将传统的手工技术和现代创新的制板技术相结合，创造出令人惊艳的艺术效果。这个系列的服装结构合体、廓型柔美，体现了当代女性柔美而坚韧的品性。

4–5

图4-6　**竹纹肌理上衣**

长袖竹纹肌理上衣。通过高腰裙将清晰的褶裥向下延伸。

您是否认为创作的过程需要涉及制作完成一件服装所需的各个方面？

对于“形成”这个系列，我采用了与以前完全不同的设计方法。开始我只是画了一些抽象的图像，然后再想办法表达我的想法。之后我考虑的重点全是技术方面的，而不是创意和设计。通常我仅设计我能制作完成的东西，这一理念多多少少地限制了我的设计。将自己的抽象理念设计出来，并通过具体的服装将其实现，同时还要把思想内涵传递给大众。至此，我觉得设计过程变得越来越有趣，也越来越有挑战性。作为一名学生，要不断探索未知的东西，而不是仅仅重复已经明白的事情，这个过程充满了乐趣。因此，我建议学生要尽量超越自己的创作界线。然而，对于刚进入服装行业的我来说，总是想时刻兼顾创意和市场两方面。我不得不承认，这对于我来说仍具有一定的挑战性，我将不断地努力探索，力求在这两者之间找到平衡。

您什么时候考虑服装所需的缝纫技术？

当我对“形成”系列的灵感和主题确定了之后，就开始考虑缝纫技术了。打褶和3D切割技术是我所采用的两个主要技术。该系列的灵感来自于迈克尔·汉斯迈耶的作品和我自己的生活体验。对于从小生长在中国南方乡村的我来说，不得不承认，刚开始时我觉得城市生活很艰难。不像农村，城市中一切都以那么快的节奏在运行。于是，我决定设计一个系列的服装来表达这个想法，但在实际操作中才发现这项任务非常费时费力。幸好我乐于花很长时间来做一项工作，我觉得这样完成的工作或作品会被赋予更多的个性，在着装者和设计者之间能够建立更强的纽带。我用打褶技法来比喻生活中的团聚与分离。为了能够更好地阐明这一观点，打褶的方法是首先在服装上画出一些点（象征人生的道路），然后将特定的点聚合在一起，剩余的点分散开，最终形成我所要的图案。就像在生活中，随着生活的不断进行，我们会接触到一些新人，同时也会与某些旧相识分离。

练习

请你描述林咏月（YvonneLin）的设计灵感。

你是否能看出她是如何表达设计理念的？她是如何应用切割技术的？她的作品是如何制作完成的？

切割技法用来表达生活中盛衰沉浮的境遇。服装上的每个图案和纹理好像都在表达着我们到底是谁。因为我们人生中的每次经历，无论是好还是坏，都在生活中留下了某种痕迹。最终，生活不是像一块崭新的平面布料那样简单，而是会像三维切割的立体肌理那样复杂。一切都从空白（白色）开始，但不同的肌理、质感、深浅，会显现出不同的光影效果，就像生活中丰富多彩的各种趣事。该系列不仅表达了我对生活的理解，也暗示着我会时刻提醒自己，无论以后要面对什么样的困难和波折，我都会勇往直前地不懈努力。

在您的创作过程中，需要投入多长时间来考虑缝纫工艺方面的问题？

要花大量的时间，因为需要很多时间去尝试和试验所需的工艺方法。对于大多数设计专业的学生，在第四年中几乎将工作室当成了家——一天大部分时间都在工作室中度过。有趣的是，我们工作室的房号是247，这好似意味着一周7天、一天24小时，我们都与它相伴。在工作室中做设计期间，同学之间的关系变得更加亲密，工作室成了我们共同的家。当然，这期间也有沮丧和泪水，但无论多么困难，对服装艺术的热爱始终激励着我们一直向前。当你在T台上看到自己的作品时，以及听到别人对作品的评价时，就会觉得所有的付出都有了回报。

4–7

图4–7 **竹纹肌理上衣**

竹纹肌理的上衣搭配切割皮革的裤子。

图4-8 **竹纹肌理礼服**

竹纹肌理的露背礼服，均匀褶裥的短袖。

在观看时装秀时，您觉得装饰或者配件很重要吗?

我认为每个细节都很重要。在我的设计中没有使用太多装饰物，主要配件就是拉链。礼服的拉链比衣服略长，末端多出大约10cm（4英寸）。拉链露在外面，直接与衣服的外表面固定缝合。这个方法的灵感来自于纪梵希（Givenchy）2011年的时装展。通过拉链塑造了女性的背部曲线，这给服装的设计增添了趣味性。

在服装的实现过程中，您认为缝纫有多重要?

对我来说，缝纫是非常重要的一部分。和其他事情一样，在你有了坚实的基础后，才有可能实现创新和变革，在我看来，缝纫技术是时装设计的一个基础。

您最喜欢用哪种面料?

我在选择面料时总是先触摸，对我来说织物的手感很重要。我比较偏爱有机织物和哑光面料，如棉、毛、真丝雪纺等。雪纺是一种优雅的面料，它真的考验你的缝纫技术水平。然而，雪纺的特性是其他织物所不能取代的。在设计“形成”这个系列的作品时，我采用竹纹肌理的针织物制作打褶上衣，主要是为了避免成品服装的起皱，因为我无法熨烫增加了各种肌理的成品服装。裤子我比较偏爱有弹性的牛仔布，“形成”这个系列大多使用了皮革面料。

您对年轻设计师有什么建议?

有太多的知识要去学习，这也是毕业后我时常告诫自己的。新设计师要在这个行业中立足，需要更多的激情和努力。虽然大部分时间里时装设计工作并不像在T台上那么光鲜亮丽，不过我们时刻都不要忘记它美丽的那一面，正是这点才吸引着我们热爱这个行业。

访谈5：艾玛·哈得斯戴夫

艾玛·哈得斯戴夫（Emma Hardstaff）目前正在伦敦皇家艺术学院攻读女装设计专业研究生，该学院由英国时装理事会资助。她曾在纽约的马克·雅各布斯品牌（Marc Jacobs）实习过。在爱丁堡艺术学院读书期间，曾多次获得各种比赛奖项，包括大卫纺织品奖（the David Band Textiles Award）、美杜莎裁剪和色彩奖（the Medusa Cut and Colour Award）、2012毕业生时装周奖，以及2012夏菲尼高（Harvey Nichols）百货公司的系列设计奖和2011麦金托什（Mackintosh）设计项目奖。她也是2012毕业生时装周中入围创新奖的三位决赛选手之一。

您的灵感来自哪里？

其实，设计灵感可以来自任何地方。我从任何能够激起我创意的事物入手开始设计，比如照片、影片或者某个地方。最重要的是要知道各个行业的创意工作者都围绕在我们身边。可以去参观各种展览，或者去拜访各行业的艺术家，这些都会为我们的设计工作提供很大的帮助。我总是试图构想出一个系列作品的全过程，或者想象我将要面临什么样的客户，以及想象自己的作品将如何展示在陈列橱窗中。我喜欢从一开始就构思出事物发展的全貌。

您是否认为创作的过程需要涉及制作完成一件服装所需的各个方面？

是的，必须熟悉创意过程中的每一个环节。作为一名设计师，我一直在努力创造一些有新意、吸引人的作品。基于这一点，我试图参与服装生产制作的每个环节，从设计到面料再到裁剪等。

图4-9、图4-10　艾玛及其2012年秋冬名为“假象”的系列作品

腰部具有戏剧性大褶裥的宽松型外套。褶皱是不规则的，这使服装的造型更加休闲随意。

4–10

您什么时候考虑服装所需的缝纫技术?

我总是尽可能早地考虑所需的缝纫技术。服装的各裁片采用什么方法缝合在一起非常重要，这往往决定一个系列作品的方向和定位。我的设计工作通常是由工艺所驱动。我总是尝试开发一些原创方法来制作服装。

在您的创作过程中，需要投入多长时间来考虑缝纫工艺方面的问题?

我的工作是通过尝试和试验新的工艺技法来推动的。由于涉及多次试验和纠正错误，这个过程往往很耗时，所以，在这个阶段要有足够的耐心。尝试了各种不同的可能性之后，你才会知道自己是否正走在正确的方向和道路上。

在观看时装秀时，您觉得装饰或者配件很重要吗?

得体的装饰可以增加服装的奢华感。重要的是为你的作品选对装饰品，因为这些细节通常很引人注目。

图4–11 **2012年秋冬“假象”作品**

通过捏褶塑造的优雅合体的羊毛连衣裙。

图4–12 **2012年秋冬“假象”作品**

前胸装饰宽大褶裥的粉红色夹克，搭配朱红色连衣裙。

图4-13　**2012年秋冬“假象”作品**

下摆处装饰绗缝的白色棉衣，搭配轻薄柔软的裙子。

练习

请写下艾玛系列作品所用的面料种类。试着寻找类似的面料小样，开始收集整理出自己的面料样本集。在这个基础上开始自己的设计，同时为你的作品寻找合适的面料。

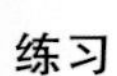

在服装的实现过程中，您认为缝纫有多重要？

缝纫有多重要，取决于你正在完成什么样的项目。例如，我最近正在制作一件超大尺寸的带褶裥牛仔外套，需要尝试和实践各种可行的工艺技法，包括在每个接缝上打褶裥。对于这件特殊的作品，我采用毛毯的缝合方法，由于工艺的特殊要求，这件服装已经不能在机器上缝合了，所以全部由手工制作完成。

您最喜欢用哪种面料？

我经常用最基本的材料创造自己想要的面料，如棉花、真丝等，将它们转化成有趣的原创性织物。我曾试图构思出具有三维情境的面料，以改变服装廓型的视觉效果。这可以通过绗缝、植绒、打褶等手段来实现。

您对年轻设计师有什么建议？

多考虑一下自己是为什么在做设计，什么是最原创的工作。然后，只要具有坚定信念并勤奋工作，就一定会取得成功。

图4–14 **长款外套**

艾玛对面料的处理历经了多年实践，她的技艺娴熟，效果令人惊叹。打褶这种技法，只要多加练习就可以达到如同艾玛一样的水平。参见第5章相关缝纫技术方面的内容。

方米勒约·德里（Funmilayo Deri）生于尼日利亚，现在伦敦和布达佩斯做时装设计师。她首先在国际商务专业获得了学士学位，然后又到伦敦的马兰欧尼设计学院学习服装设计。方米勒约对时装的热爱从很小的时候就开始了，由于母亲爱好时装设计，她在生活中总是被创意、设计、制作服装等思想和事情包围着。

2011年3月，她推出了以自己名字命名的品牌“Funmilayo Deri”。作品曾亮相于非洲时装周、纽约时装周以及伦敦时装周的沃克斯时装前沿。她的设计获得了一致肯定和好评。

您的灵感来自哪里？

我的设计审美观受我的混合文化背景影响并且它是我折衷背景的体现。灵感来自于电影、戏剧、博物馆、自然界、旅游和形形色色的人物；有时也来自我的心境和情感体验。在设计系列作品时，我首先选择一个主题，然后围绕这个主题展开各方面的工作。在给定的时间内，所做的任何事情都紧密围绕这个主题，并有目的性地选择相关的音乐、涉及的人物和地点等。所有这些将最终决定设计的方向。

您是否认为创作的过程需要涉及制作完成一件服装所需的各个方面？

是的，尤其当所做的设计可以用于商业性时。在设计阶段就要考虑服装的每一片是否能够有效地缝合在一起。我经常将各种复杂的材料和不同的颜色结合起来构思出各个衣片，并画出样板，制作出样衣，这期间创新性的想法是至关重要的。

图4–15、图4–16 **方米勒约及其名为“礼服”的作品**

优雅的天鹅绒礼服，袖子和肩部由蕾丝制成。将不同材质的面料成功地缝合在一起，关键取决于所用的缝纫方法。本例的袖子和袖窿是通过滚边将两者包缝在一起的。

4–16

您什么时候考虑服装所需的缝纫技术？

当有了设计思路，完成了最初的效果图，并确定了面料以后，就开始考虑缝纫工艺方面的问题了。

在您的创作过程中，需要投入多长时间来考虑缝纫工艺方面的问题？

考虑缝纫技术所需的时间取决于设计的复杂性和所用面料的类型。

在观看时装秀时，您觉得装饰或者配件很重要吗？

装饰和配件都非常重要，我认为应该将它放在与面料同等重要的水平上去考虑。装饰和配件弥补了服装细节上的不足，而我觉得细节很重要。

在服装的实现过程中，您认为缝纫有多重要？

虽然服装的最终外观至关重要，但是，服装的内部也应该与其外面有同样的品质。我所采用的缝纫技法正是体现了这个设计原则。缝纫工艺的优良与否暗示着衣服的品质，因此，缝纫工艺要始终与所选用的面料相匹配。

图4-17 **裙子**

黑色长裙搭配真丝上衣，裙子两侧采用镂空风格的面料。裙子各片采用包缝方式进行缝合。

图4-18 **礼服**

单肩蕾丝礼服，裙子的各边均为蕾丝的自然边，不做处理。内层的肉色胸衣与蕾丝礼服结合在一起，给人的感觉好像礼服没有任何支撑物，而实际上正是底层内衣对礼服起到了造型和支撑的作用。

图4-19 **袖子成品**

方米勒约的袖子很圆润，处理得非常专业。蕾丝材料不是密实的机织物，所以是出了名的难缝。缝制蕾丝袖子的方法是用斜裁布条滚边来封锁蕾丝边缘。斜裁布条的宽度比较窄，仅为1cm（0.39英寸），这样在滚边后从服装的正面就看不到缝头，同时也包住了蕾丝的毛边。参见第5章装袖技法相关内容。

您最喜欢用哪种面料？

我喜欢用各种各样的面料做设计。我相信服装面料的选择可以具体到服装的每一片。我常采用绣花面料、丝绸、皮革和蕾丝等材料，还喜欢将不同厚度、纹理和颜色的面料结合设计在一件服装上。

您对年轻设计师有什么建议？

要在同行中取得成功，年轻设计师首先要有一定才能、创意和对时尚行业的热情。有了这些才能在面临各种挑战时不气馁。实习也是非常重要的环节，当试图建立自己的品牌时，可以先去一些新成立的品牌那儿实习。这样你可以了解到如何运作一个品牌，以及自己建立品牌时应该准备些什么。除了具有创意，设计师还必须具有敏锐的商业头脑。如果没有商业头脑，也可以找人合作。这样才能确保成功地运作一个服装品牌，而不仅仅是一个昂贵的嗜好。时装行业不像人们想象的那样光彩艳丽，它需要付出辛苦的工作，需要投入大量的资金和时间去运作。

练习

你是否能找出方米勒约系列作品中各服装间的联系？把它们写下来。并找出她在哪里使用了拉链，采用的是什么类型的拉链。然后收集不同开口形式的服装图片，并在方米勒约的作品中找出她曾经创造性地使用过的开口形式。

图4-20 **连衣裤**

在连衣裤上用了明拉链和面料拼接，腰部的设计和缝合方式让人感觉上下身是分体的。

4-21

访谈7：路易丝·斑尼特

路易丝·斑尼特（Louise Bennetts）本科毕业于英国爱丁堡艺术学院，2012年获得时装设计专业学士学位（荣誉）。路易丝曾获得安德鲁·格兰特时尚奖，以及约翰·L·帕特森设计创新奖。2012年，她还是英国时尚协会举办的尼科尔·法伊大奖的入围者之一。路易丝目前正在伦敦皇家艺术学院攻读女装设计专业硕士学位。路易丝曾说她目前研究的重点是如何在设计阶段将着装背景和制作过程有机地结合起来，有目的地设计出开放性的服装，给着装者留下发挥空间。

您的灵感来自哪里？

对于我的本科毕业设计“变迁”来说，灵感主要来自我在意大利锡耶纳拍摄的一组照片。在锡耶纳，可以看到构成这座城市的建筑的历史变迁。可以看到新建的拱形游廊，以及取代了旧门的新窗。旧建筑没有被视为难看的疤痕，而是成为了一种骄傲，因为它们仍然在持续性地发挥着作用，并且真实地讲述了人们使用和改变它们的历史。我想采用类似的思路来设计服装，既专注于服装目前的设计制作过程，也注重它未来的使用发展和变迁。

您是否认为创作的过程需要涉及制作完成一件服装所需的各个方面？

对于“变迁”这个系列，我想使服装在发展变迁的每个阶段都是精美的，就像锡耶纳的建筑物一样。因此，在服装的制作方面选择了传统工艺技法，如斜裁滚边等。大部分设计都是在人体模型上通过立体裁剪直接完成的。不一定非要按步骤经历绘制草图、绘制样板、制作样衣等过程，服装设计其实是一个灵活且不可预测的过程。从这个角度来说，创作的整个过程其实完全考虑了服装实现的各个方面。

图4-21 **裤子和夹克**

尖角下摆的夹克和宽松的长裤，体现了典型的结构化造型手法。

您什么时候考虑服装所需的缝纫技术？

我通常会比较早地考虑这些问题，因为我觉得系列设计的各个方面都应该有机结合在一起，如色彩、面料、后整理和廓型等，所以必须从一开始就考虑这些因素。对于“变迁”这个设计更是这样，因为很多面料都是透明的。

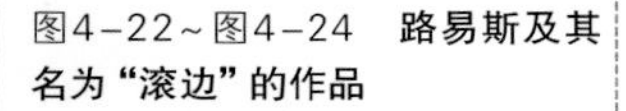

图4-22～图4-24　路易斯及其名为“滚边”的作品

滚边用在透明薄面料上，是路易丝这一系列所有服装的共同特点。这是特意设计的细节，灵感来自她对建筑造型的理解。

图4-25、图4-26 **面料选择**

图片中所示服装的动感效果是通过巧妙的选择面料而实现的。

在您的创作过程中，需要投入多长时间来考虑缝纫工艺方面的问题？

我一直都在努力改善服装的外观，试图使服装的内部和外部都同样整洁美观，特别是当服装没有里子来隐藏其内部结构时。所以，我常常花很多时间去寻找完善服装外观的方法。有时我采用斜裁滚边的方法，有时采用面料粘衬裁剪的方法使布边干净整齐，有时我甚至用布料本身的自然布边，有时则将这些方法结合在一起使用。对于合体型服装，内层的垫肩和衬布采用多层薄纱材料自制而成，以保证整件服装透明性的视觉感和开放性的工艺技法。我非常注重服装的制作过程，所以总是试图展示服装各裁片是如何缝合在一起的，而不是将它们隐藏起来。

图4-27、图4-28　**样衣**

样衣必须要仔细严格地完成，以确保完全将设计理念表达出来。

在观看时装秀时，您觉得装饰或者配件很重要吗？

我认为让一个系列作品真正成功的因素往往是精美的细节。所以，装饰和小配件非常重要，即使是最微小的装饰物也要认真处理。设计师如果真正用心地设计了某个细节，穿着者会感受得到，并且也会因此更加珍惜这件服装。

在服装的实现过程中，您认为缝纫有多重要？

同样地，我认为缝纫质量的高低可使作品之间产生巨大差异，以高质量完成的作品，立刻就让人觉得更自信、更可靠。除此之外，缝纫质量优良的服装当然也更持久耐用。

练习

路易丝是用什么类型的工业机器缝制滚边的？把它写下来，尝试用白坯布做滚边练习。当你对练习结果满意时，把缝纫样品放入你的样本集收藏起来，再选择不同的面料进行尝试。

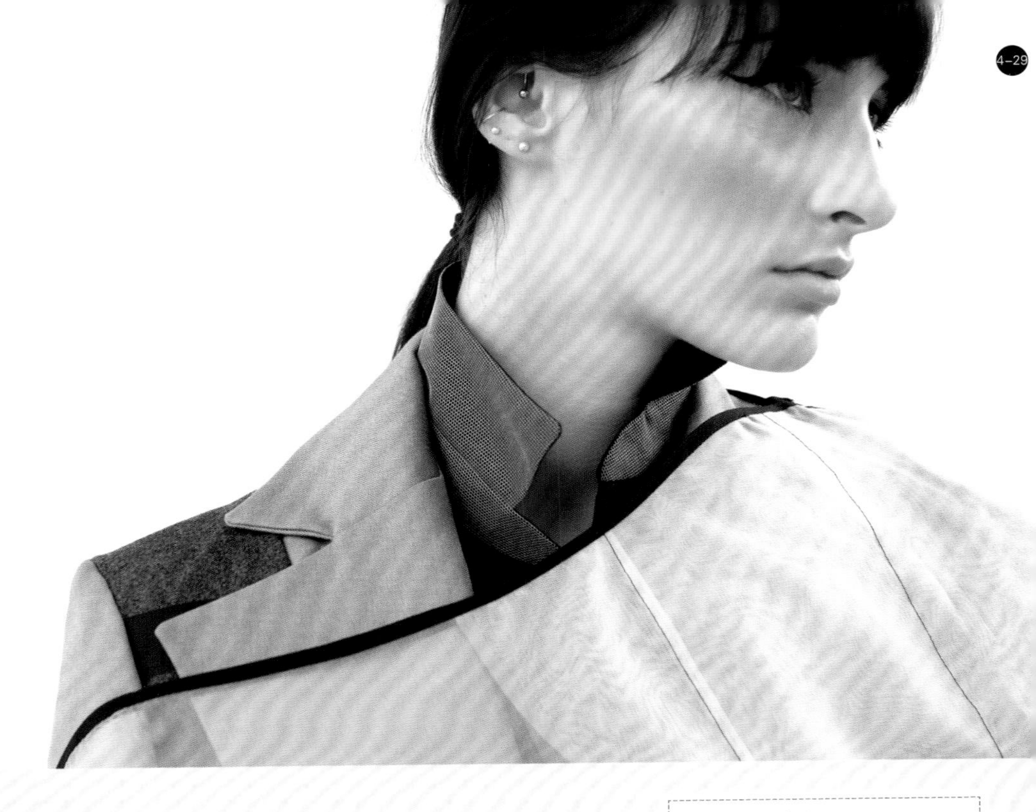

图4-29　**滚边**

滚边可以说是现代技术和经典剪裁方法相结合的混血儿。路易丝常用斜裁滚边法处理服装的毛边。滚边法也可应用到接缝中，产生一种装饰效果。缝制时需要用隐形拉链压脚将滚条夹在两层裁片之间进行缝合，压脚要尽可能地靠近滚条。参见第5章的缝纫技术相关内容。

您最喜欢用哪种面料?

我喜欢透明面料，因为透明面料的缝合方式会显而易见，这虽使工作富有挑战性，但却充满了机遇和趣味。我也很喜欢用多层透明面料做设计，如透明硬纱、纯棉蝉翼纱等，当多层薄纱彼此重叠在一起时，给人一种丰盈奢华之美。我也喜欢用羊毛面料，因为毛织物有良好的可塑性和易于剪裁的特点。目前我正在用的面料或许有更好的工业美感，如帆布和毛毡，我试图通过精美的缝纫技法使它们显得更加奢侈华丽。

案例1：艾莉·萨博

4-30

背景

艾莉·萨博（Elie Saab）1964年7月4日出生在贝鲁特，父亲是木材商人，母亲是家庭主妇。从9岁起，萨博就对缝纫有了浓厚的兴趣。大部分闲暇时间里，他都在用母亲的桌布或窗帘等材料给他的姐妹们设计、裁剪和制作服装。这个小男孩的天赋很快就在邻里间传播开，为自己建立了一张稳定而忠实的客户网。

他在这一行业中不断地追求学习，很快就成为了时装设计和制作的专家。1982年，艾莉·萨博18岁，他在贝鲁特开了一间拥有15名员工的时装工作室。

几个月后，他举办了第一场时装发布会，客户群主要是年轻女性。这名自学成才的服装艺术家的才能很快就得到了大众的认可，成为超级女装设计师的著名代表人物。他的名声迅速传遍世界各国，吸引了众多来自上流社会的人们。

1997年，艾莉·萨博作为唯一一位非意大利籍设计师，被邀请加入了意大利国家时装协会，这成为一个特例。他在罗马连续三年举办了高级女装发布会，2000年，他受法国高级时装协会的邀请，在巴黎展出他的系列作品。此后，每年他都会在巴黎举行两次时装发布会。

图4–30、图4–31 **艾莉·萨博及其2013年春夏高级时装发布会的后台**

走秀之前，优雅的模特在后台做准备。

事业早期

1998年，艾莉·萨博在米兰时装周上推出了自己的秋/冬季成衣系列。该系列获得巨大成功，好评如潮，销售从巴黎到中国香港，几乎涵盖全球范围。

2002年，艾莉·萨博在巴黎第八区开了一间时装店，以满足他的业务和客户日益国际化的需求；此外还包括一个展示厅，用以向国际客户展示他时尚而优雅的高级时装。

图4-32　**艾莉·萨博2013年春夏高级时装发布会中的蕾丝细节**

这件礼服是通过高级时装的手工技法完成的。

女装设计师

2005年，艾莉·萨博又在改建过的贝鲁特市的核心位置开了一间时装店。该店是拥有五层楼的现代建筑，设有他的办公室、设计工作室、配料间和成衣精品店、高级时装店以及婚纱店等。

同年10月，艾莉·萨博第一次在巴黎时装周上展示他的女装成衣系列。主要作品为西装、鸡尾酒礼服和晚礼服等以及与之搭配的手袋、皮具和配饰等。这次时装秀深受时尚买手们的好评，并被一些著名国际媒体广泛宣传。

2006年11月，法国高级时装协会提名艾莉·萨博为“协会成员”。2007年4月，女装设计师们都认为巴黎已经是艾莉·萨博的第二故乡了，因为他在巴黎第八区的核心位置开了一间1000m^{2}的旗舰店——香榭丽舍大道圆点广场1号。这是一个具有特殊意义的地方，因为法国最优秀的时装设计师们都曾在这里展出过他们的作品。三层楼的建筑展示着该品牌的一系列产品，包括成衣、相关配饰以及高级女装系列等。

2008年7月，艾莉·萨博为了继续扩大国际业务，在伦敦著名百货公司哈罗兹（Harrods）的一层，开设了他在英国的第一个精品店。2010年6月，又在迪拜购物中心的一楼奢侈品区设立了精品店。

2012年2月，艾莉·萨博在香港的中心区——香港置地广场，开设了他在亚洲的第一家精品店。几个月后，也就是2012年7月，他又在美国开了第一家精品店，地点选在新墨西哥州的圣菲市萨克斯第五大道。同年12月，艾莉·萨博又在瑞士开了第一家精品店，地点在日内瓦市的吉桑湖滨大道。

图4-33 **艾莉·萨博2013年春夏高级时装发布会的后台**

银丝流苏和真丝雪纺的完美结合体现了该系列的优雅与奢华。

图4-34 **真丝礼服裙**

短袖真丝礼服裙，肩部装饰着精美刺绣，裙腰处设计有暗褶裥。

风格

艾莉·萨博的设计一直在发展变化之中，他的作品风格是东西方文化的交汇与融合，每个系列他都在自我革新和自我超越。在他的艺术生涯中，艾莉·萨博总是不断地精益求精，这一精神源自于他的黎巴嫩血统。他也特别钟情于现代建筑设计，这是他真正的业余爱好。

艾莉·萨博倾向于使用高贵的材料，例如塔夫绸、透明硬纱、貂皮以及缎纹织物；喜欢搭配富有动感的轻薄面料，如雪纺绸——具有梦幻般的飘逸效果；或者是质地优良的蕾丝；也喜欢用亮片、半宝石、各色水晶等材料做出精致的刺绣，来突显纯洁高雅的女性之美。

他的完美主义思想常常驱使他到处寻找最美的布料和最好的材料，除了法国和意大利，他也常去其他国家寻找。

设计工作室是艾莉·萨博事业发展以及品牌运作的核心。他的工作室有一个基本原则，即所有的设计师、刺绣师和缝纫技师等都共享专业技术。艾莉·萨博也以同样的原则与其他设计师以及法国和意大利的供应商一起工作。

每年要定制数百套的礼服，每一套艾莉·萨博都亲自检验。为了减少服装在合体性方面可能出现的问题，老客户的样衣或胸型都完好地保存在工作室中。他这种高级定制的新运营模式和无懈可击的优质服务和高效率，使他具备了强大的竞争力，注定了他的成功。

优雅的细节

艾莉·萨博设计的婚纱使他的声誉不断远扬。来自世界各地的很多年轻女性，不辞辛苦地来到巴黎和贝鲁特，目的就是为了能够获得一件由艾莉·萨博设计的婚纱。艾莉·萨博一直对婚纱设计拥有特别的激情，他那令人惊叹的设计总能使年轻女孩梦想成真。

这也正是为什么在2003年7月当普洛诺维斯（Pronovias）（专做婚纱成衣的品牌）建议他成立自己的婚纱生产线时，他毫不犹豫地就接受了这一提议，并且很高兴能够有机会为客户设计特别的婚纱。他的品牌以他的名字“艾莉”来命名，婚纱礼服远销世界各地。这次富有成效的合作标志着艾莉·萨博另一新事业的开端。

2010年9月，艾莉·萨博发布了11款婚纱成衣，仅在巴黎和贝鲁特销售。

图4-35 **艾莉·萨博2013年春夏高级时装作品**

香槟色丝绸礼服。

4–35

5-1

第5章
原型和样衣

试衣模特/人台/人体模型

看到设计思路通过样衣得以实现，是最令人兴奋和心满意足的时刻。在实现过程中可能会出现错误，但这是很正常的，也是可以预见到的，因为没有人能够一次就成功。在整个过程中可能会对设计做局部修正，如口袋、装饰物、样衣的合体度等。

制作样衣前首先要选择合适的面料。尽管有现成的纯棉白坯布可供选用，但是，如果你设计的服装最终将采用弹力面料，选择白坯布就不适合，因为白坯布制作的样衣不能有效反映你所设计的款式和造型。因此，样衣的替代面料要尽量与所设计的服装面料质地接近。也不必与成品服装的面料完全相同，可以是比较便宜的替代面料，但两者的组成和结构应该相似。

将服装样板与效果图或款式图相对照。检查所有接缝位置是否正确，服装造型是否满意，所有剪口是否都在恰当准确的位置上，各边的缝份大小是否合适，纱线方向是否正确标记等相关问题。裁剪面料之前一定要校核样板，确保无误后再下剪刀。

要学着享受缝制过程，缝制不顺利当然会令人沮丧，但这也正是反思你的设计是否合理的恰当时机。缝制方法要灵活，不要生搬硬套。

在本章中，提供了一些省道转移的方法，这在合体女装中是必不可少的。讨论了一些服装造型方面的知识。并通过插图，一步一步地说明各类样件的缝制方法，例如，褶裥、袖子、袖口、领子和口袋的缝纫方法等。通过这些局部样件的练习，可以提高对整件服装缝制技术的掌握，同时也有利于丰富读者的样本资料集。

图5-2、图5-3　人体模型

这些人体模型的四肢均可拆卸，便于试衣。男子半身人体模型主要用于夹克类服装的调试。

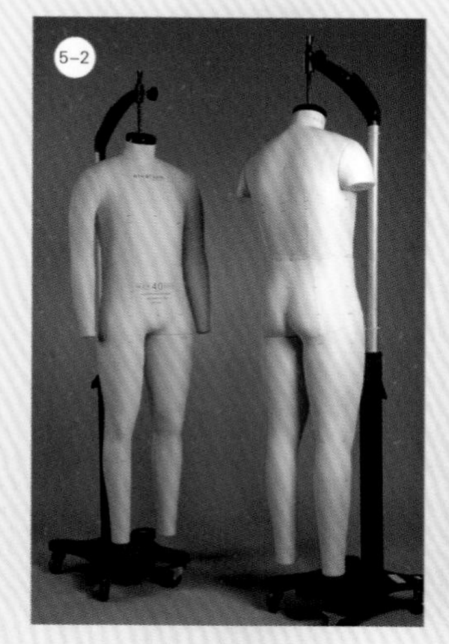

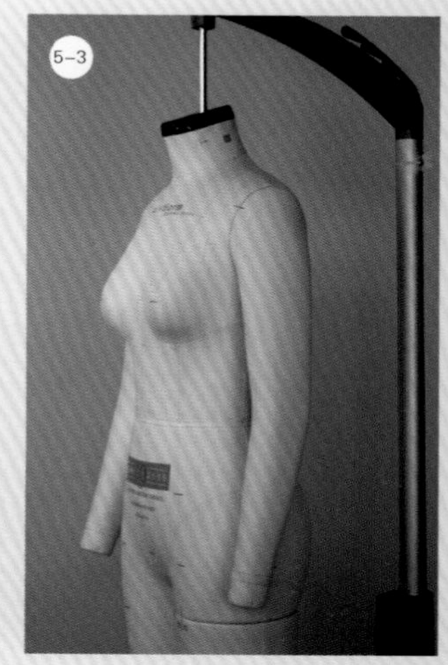

图5-4 **试衣模特**

采用试衣模特的优点是能以实际的人体来试穿服装。不像在人体模型上试衣，这使设计者能够更真实地评估服装的舒适性、合体性和整体美感。

图5-5 雷·佩克(Léa Peckre)2013年秋冬作品

纯白色礼服裙，其廓型是结构化造型设计的完美体现。

通过观察秀场上整个系列作品的整体外观和廓型，设计师可以对作品想表达的思想和理念进行评价。至于服装的局部造型，变化更加灵活，例如：底摆可以设计得很独特；腰围可以是合体的、也可以是宽松的。服装的廓型通常由服装的结构和材料来决定。例如，走秀时服装是否要有动感？雪纺面料飘逸洒脱，流动中带着“神秘感”；厚重的棉布稳定性较好，适宜表达安静、沉稳和可控性等思想或情感。在设计过程中所有这些元素都要重视，它们将综合决定整台发布会的整体感觉。

图5-6 丹·WJ.普拉萨德(Dan WJ Pras-ad)2013年作品

使用不同类型和厚度的面料进行的一次尝试性剪裁，在一件服装上获得了硬挺和柔软两种相对的廓型感。

5–6

5–7

图5-8 **上衣原型**

学生正在人体模型上试穿白坯布上衣原型，以评估其合体性。可以看出，原型有点偏紧；因此，需要对样板和样衣做一定的修改。

由服装造型和廓型构成的服装平衡性，是决定所有系列发布会成败的关键。服装的平衡是指服装的重量从人体中心向四周均匀地分布。可以将服装穿在人体模型或者模特上来评价平衡性。完美的平衡带给服装一种专业品质和整体美感。平衡的服装使着装者感到舒服愉悦。另外，平衡还指服装所有的结构线都处在人体的恰当位置上，如下摆、肩线和领口等。

需要将服装穿在人体模型或模特上来评价服装的平衡性，例如，评价一条短裙或连衣裙。要站得离人体模型稍远一些，这样你可以把握整件服装的全貌。首先从下摆开始评判，下摆是否水平？如果不是，服装就会看起来向前或向后倾倒，产生不稳定感而造成不平衡，需要修正。然后，再观察其他方面：肩缝、领围线、腰围线和臀围线等结构线是否在人体的相应位置，视觉上是否平衡？如果不平衡，必须重新修改样板。如果有必要，还要重新制作样衣以验证修改后的样板。

图5-7 **张京京2013年春夏高级时装展作品**

在走秀前，要反复检查这件服装的平衡性。虽然下摆是异型的，不是常规的水平下摆，但下摆两侧均匀下落的处理方式使得它更加赏心悦目。

在对服装进行修改时，设计师必须一步一步逐个修改有问题的部位，如果试图同时修改多个部位或者整件服装，很可能会导致更多的问题出现。例如，如果上衣的肩缝有点偏后，而袖子却偏前，那么将衣服拆开，先修改肩缝，改好后再修改袖子。

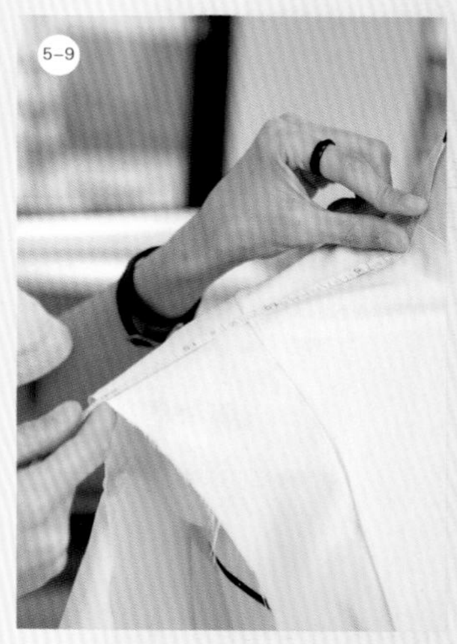

图5–9　**修改衣身**

设计师正在人体模型上修改上衣的肩部。

图5–10　**诺曼·哈特耐尔（Norman Hartnell）作品（1965年1月）**

在走秀之前，诺曼·哈特耐尔正在后台调整一件条格外套。

解构与再造

解构是始于20世纪90年代初的时尚运动；这是对20世纪80年代后期和90年代初期盛行的傲慢、炫耀和唯物主义等思潮的反叛。这一运动的结果带来了社会各方面的开支削减，服装流行趋于简洁化，这一理念也经受住了长时间的考验。一些设计师，如安·迪穆拉米斯特（Ann Demeulemeester）、赫尔穆特·朗（Helmut Lang）和马丁·马吉拉（Martin Margiela）等，都是这一时尚运动的代表人物，他们的作品至今仍在世界各地广泛流行着。

另一种形式的解构与再造理念，是在可持续性发展和伦理道德的理念中诞生的，包括将旧衣服拆开（解构），然后重新设计缝合成新款的服装（再造），有时也称为服装的“升级再造”。这种形式的设计和制作已经从小众发展成大众，现在很多零售商都以这种方式生产服装来满足消费者的需求。

图5-11　**废料循环再利用——多层翻领连衣裙（2008年）**

这件服装回收利用了几件西装。原来的西装已经被拆解，并重新设计再造成原创性的新款裙子。

5-12

样本集

在具备了一些基本缝制技巧的基础上，就可以开始着手准备自己的样本集了。本章中将介绍从基础到中级常用的缝纫技法，以及其他一些综合技法，如省道变换。通过本章还可以了解到一些设计师在他们的作品中是如何应用缝制技巧的。这些缝制技巧在实际应用中灵活多变、丰富多彩。但在学习时首先要掌握基础知识，然后再尝试开发自己风格的缝纫技法，正如很多设计师的作品都有自己独特的缝纫技法一样。

图5-12 **川久保玲（Comme des Garcons）2013年春夏作品**

解构再造的外套。本设计采用的是有别于常规服装的不规则不对称的构成形式。

图5-13 **样件**

路易丝·班尼特（Louise Bennetts）的口袋样件。

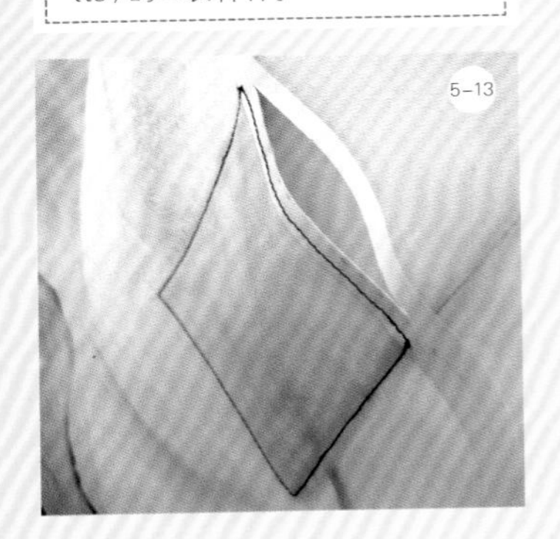

在工作室中练习缝纫时，需要准备以下材料：

X 女装上衣原型；

X 衬衣样板；

X 各种领型的样板。

需要的缝纫工具主要有：

X 平缝机；

X 细褶机；

X 裁缝剪刀；

X 剪纸剪刀；

X 3m白坯布（质量较好、中等厚度）；

X 画粉；

X 线；

X 手工针；

X 大头针；

X 软尺；

X 打板尺；

X 平缝压脚；

X 隐形压脚；

X 碎褶压脚；

X 打板纸；

X 胶纸；

X 文件夹或者A3速写本用作样本集；

X 铅笔或钢笔。

图5-14 皮尔·巴尔曼（Pierre Balmain）2012年春夏作品

百褶短裙显得端庄典雅，白色透明上衣的缝合采用法式缝。

在布料上添加肌理是使设计彰显个性的独特方式。肌理可以是任何表面修饰的纹理，如同第4章所介绍的，肌理可以很简单，也可以很复杂。

接下来的内容将教您完成几个练习：规则褶裥、细褶和塔克褶。先掌握基本缝法后，再尝试练习各种不同宽度的褶裥，并用等间隔和不等间隔的方式分别完成，或者用不同厚度的面料，比较它们之间的差异。

褶裥和细褶

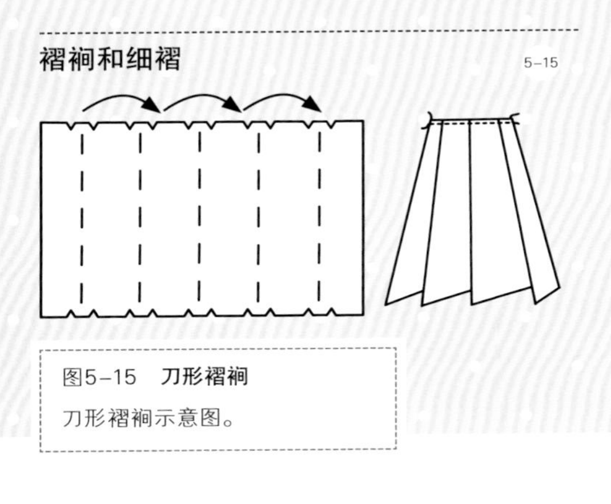

图5–15 **刀形褶裥**

刀形褶裥示意图。

5–16

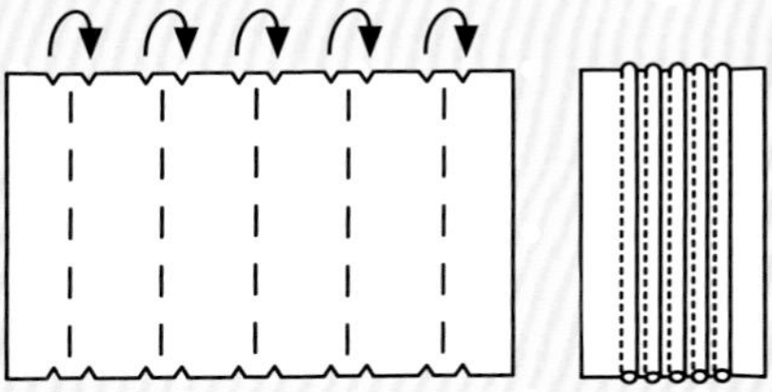

图5–16 **双针细褶**

双针细褶示意图。

刀形褶裥：是指沿同一个方向折叠的褶裥。常见于裙子和裤子腰部。

完成此练习需要平缝机和细褶机。

X 根据褶裥宽度均匀地在白坯布边缘作上标记［例如，每隔4cm（1.57英寸）打一个剪口］。

X 从上到下沿每个褶裥的中心线折叠并熨烫。

X 以0.5cm（0.19英寸）的缝份在上边缘水平车缝一条明线以固定褶裥。

X 根据需要可以再次熨烫褶裥。

双针细褶：是具有装饰性的均匀凸起的小褶裥。需要使用细褶机，它与平缝机很类似，只是要使用双针。

X 如同刀形褶裥的做法，按细褶的宽度在白坯布边缘打上剪口作标记，要确保褶裥彼此平行［例如，2cm（0.78英寸）的宽度］。过每个剪口作竖直线以辅助缝纫。

X 双针分别位于竖直线的两侧，即竖直线位于双针的正中心。

X 从上到下沿直线车缝。

5-17

图5-17 **解构与再造**

基于传统裁剪方式，以解构和再造的理念开发出来的新造型。

塔克褶——手工缝制

这是林咏月（见第4章的访谈）对塔克褶的一种变化应用。她采用很柔软的面料，使各褶裥之间过渡平滑柔顺。如果使用白坯布做练习，因面料厚度和质地各不相同，最终的效果也会不同。

需要用到手工针和线。

X 在白坯布上每隔2cm（0.78英寸）作一标记点，使其排列得水平成行，纵向成列。

X 穿针引线，并在线尾打结。

X 用拱针缝每一行，在每行的末尾打一个结。不要拉线，保持样布平整。

X 然后从相反的方向重复上一步的做法。

X 缝完所有行后，轻拉每一条线，就可以获得凸起的塔克褶，拉线时要保证每个塔克褶的位置正确。

X 根据喜好也可以熨烫样品；熨烫后肌理的效果又会有所改变。

图5-18 **林咏月（Yvonne Lin）样品**

在竹纤维织物上做的塔克褶样品。

图5-19 **塔克褶制作示意图**

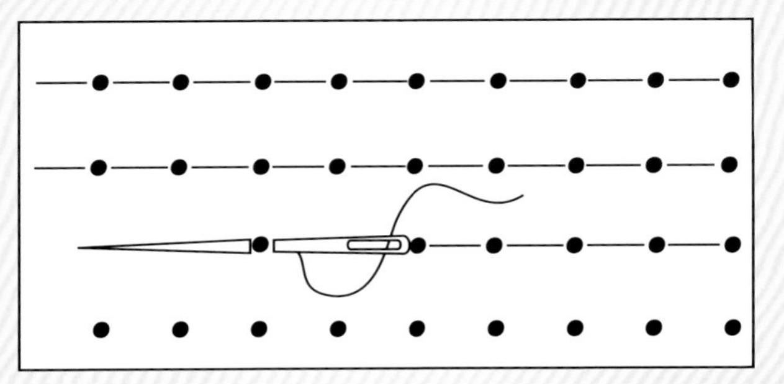

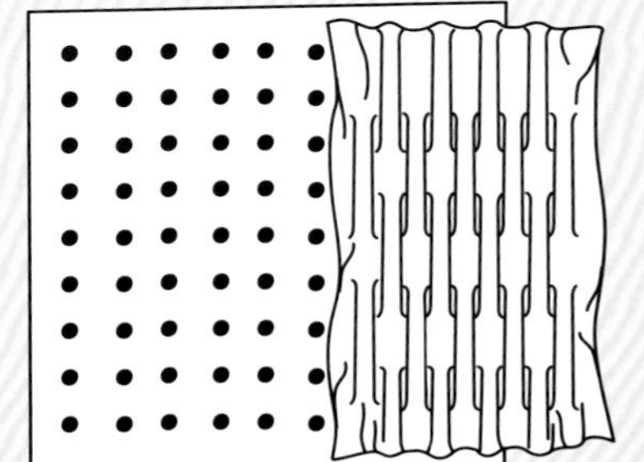

省道

省道是使服装合体和塑造人体曲线必不可少的手法。特别对于机织物来说，省道尤其重要。

省道是指将衣服上多余的面料捏合起来缝合，并逐渐变细消失到某个凸点上。这是将衣身某部位收小的一种方法，也是对人体凸点进行塑形的方法，如肩部、胸部等。通过在凸点周围收省，可以让面料突起以符合人体的体型。

在第二章中，介绍了各种不同类型的省道。对于设计师而言，这些省道还可作为装饰手法使用。但是，首先要学会如何进行省道变换，这样才能对其灵活应用，最终达到使省道既有结构的功能性，又有设计的装饰性。

本章将介绍如何用“剪开法”处理省道。“剪开法”比较直观，易于理解和练习。在明白“剪开法”的基础上，可以再学习“旋转法”，“旋转法”稍微复杂些，较难理解。

省道剪开法

做这个练习需要一个女装上衣原型板、打板纸、铅笔、剪纸剪刀、尺子和胶带。

将肩省转移成袖窿省。

X 复制上衣原型样板，将原有的剪口、省道位置标记出来，沿边缘将样板剪下来。

X 在纸样边缘标出新省道的位置，并与胸高点直线相连。

X 沿直线剪开。

X 将原型上的肩省合并，省道两边对齐捏合直到胸高点，则在新省道剪开线处就会打开同样大的省道量。

X 将此纸样复制到另一张打板纸上，标明新省道。

X 操作过程中省尖点始终对准胸高点。

X 缝纫时如果省道一直缝到胸高点，看起来就会生硬不平服，通常省尖点要距离胸高点1.5～2cm（0.59～0.78英寸）。

图5-20 **杜罗·奥罗伍(Duro Olowu)2009年春夏作品**

腰省的巧妙处理使短裙具有明快的线条和精致的造型。.

图5-21 **省道剪开合并示意图**

1 在上衣原型上标出新省道的位置(A)。

2 从(A)点将新省道剪开，合并原型肩部的省道(B)和部分腰省(C)。

3 获得省道处于新位置的上衣原型。

5-21

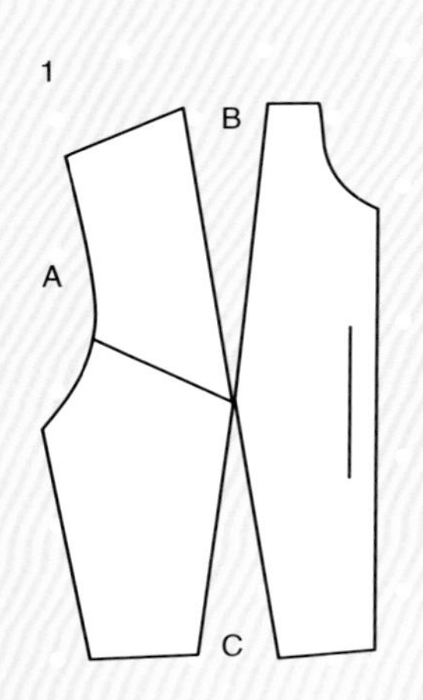

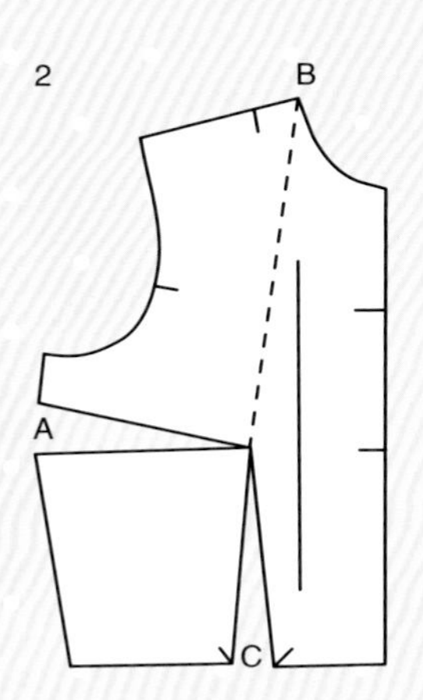

袖子

袖子可以设计成各种不同形状、风格和宽松度，常见的袖子类型主要有如下几种。

一片装袖

衬衣上常用的标准袖型。一片装袖是最基本的袖型，没有太多细节，就装饰性而言它更注重功能性。

两片袖

合体西装和夹克上常用两片袖。它与人体手臂弯曲状态相似，合体性更好。袖子由两片构成，将其缝合在一起后产生肘部弯曲的造型。

插肩袖

插肩袖的袖山头开始于颈部，与衣身缝合在一起，而不像装袖那样在臂根处与袖窿缝合在一起，这种袖型常见于运动休闲服中。

和服袖

这种风格源自于日本和服，今天仍然比较受欢迎。和服袖不用像装袖那样要与衣身缝合，而是袖子与衣身连在一起裁剪。

5-22

图5-22　**礼服袖细节**

在梅赛德斯·奔驰时装周上，凯特·沃特豪斯（KateWaterhouse）穿着的古琦（Gucci）2013/2014春夏礼服

礼服的袖子为灯笼造型，该袖子在上臂和袖口处收紧，更加突出了中间的灯笼廓型。

图5-23 装袖示意图

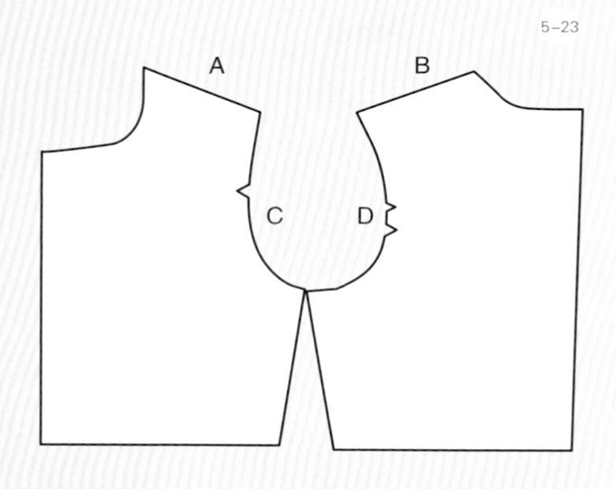

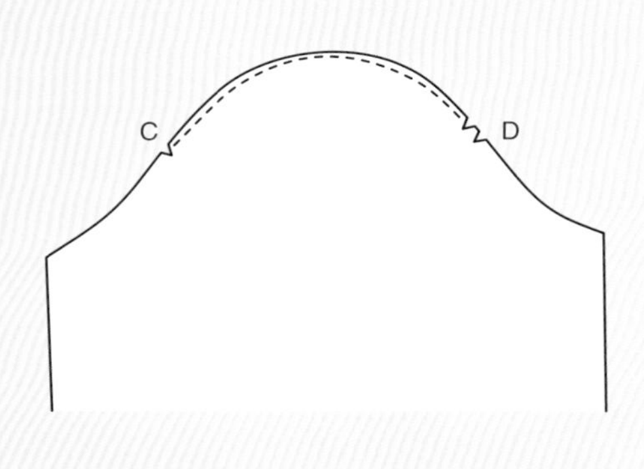

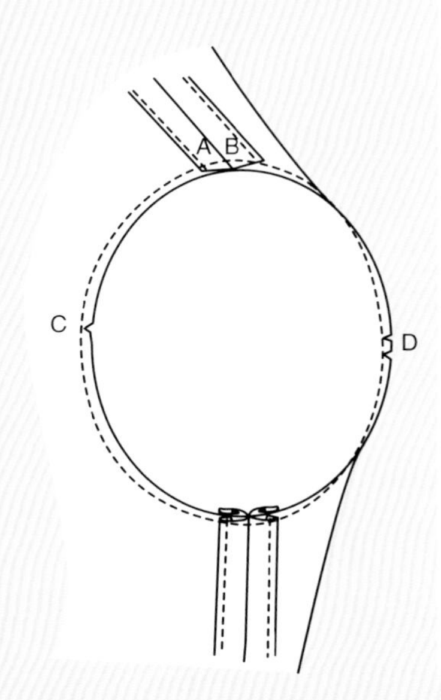

装袖

这个练习有助于掌握衬衫的制作工艺，首先从装袖开始。方米勒约·德里（Funmilayo Deri，见第4章）的好几件礼服都使用了一片装袖。

完成此练习需要一套衬衫样板，包括前片、后片和袖子，还需要一个抽碎褶压脚。

X 裁剪衬衫的前片、后片和袖子。

X 用1cm(0.39英寸)的缝头缝合肩缝(A和B)，并劈缝熨烫平整。

X 再用1cm(0.39英寸)的缝头缝合侧缝，并劈缝熨烫平整。

X 将平缝机压脚换成抽细褶压脚。

X 在袖山头的前后对位点(C和D)之间车缝，缝迹线距边缘0.5cm(0.19英寸)，将袖子的吃缝量缩缝掉，使绱袖更容易。

X 再将抽细褶压脚换成平缝机压脚。

X 将袖子的前后对位点与衣身袖窿上的前后对应点对齐(A和B，C和D)。可以用大头针别合，但注意车缝时不要碰到大头针，否则会损坏缝纫机。有必要的话，可以先手工将袖山与袖窿固定在一起。

X 从袖底开始，用1cm(0.39英寸)的缝头将袖山与袖窿装在一起，缝合过程中注意前后对位点要对齐。

X 完成后，袖山上应没有明显可见的细褶，袖山头稍稍鼓起，人体着装后肩头合体舒服。

X 熨烫袖子。

5-24

“设计就是不断地挑战，在舒适与精美、实际与理想之间找到平衡。”

——唐娜·卡兰（Donna Karan）

图5-24　方米勒约·德里（Funmilayo Deri）丝绸连帽外套配一片圆装袖作品

图5-25　艾玛·哈得斯戴夫(Emma Hardstaff)褶裥牛仔茧型外套

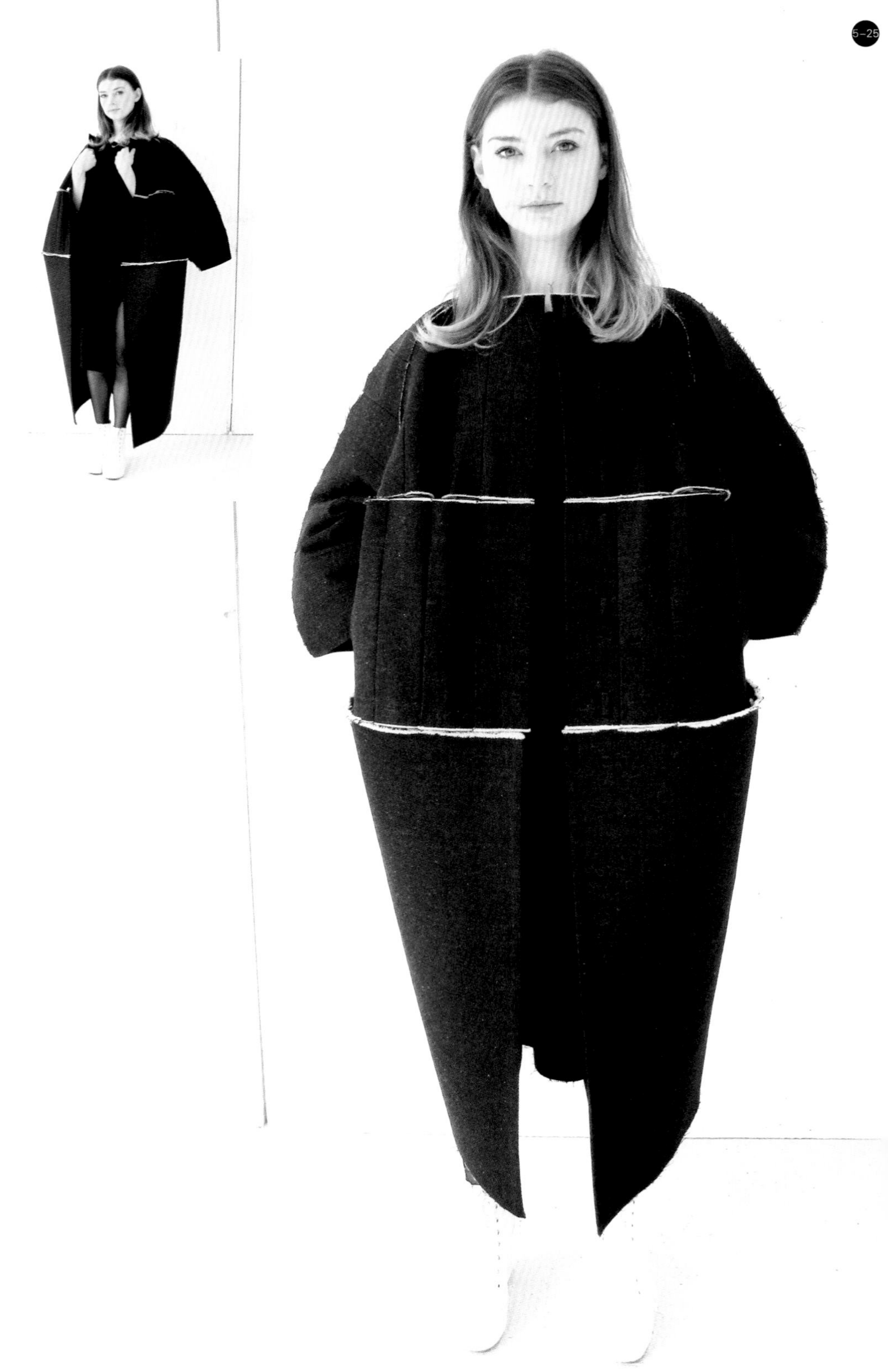

5-25

领子

领子主要是围绕人体颈根部进行的造型设计，有各种不同的风格、款式和大小。可采用各种类型的面料设计领子，常见的领型有如下几种。

衬衫领

衬衫领款式很多，有的衬衫领有独立的领座，有的没有。领座直立在颈侧，使领子更贴合人体，翻领是从领座上边缘向下延伸的部分，从领座上翻下来覆盖住领座，形成领子的款式造型。

中式立领

只有“领座”的领型，由各种不同宽度和造型形成不同的风格。

平领

也称平翻领，没有领座，平摊在衣身上。

驳领

由领子和驳头两部分组成。驳头是衣身的一部分，位于驳领的下半部分。领子是独立的一片，领子和驳头于串口线处缝合在一起，这种领子也称为西装领。

图5-26　**方米勒约·德里（Funmilayo Deri）2012年秋冬作品**

高领、前胸有悬垂褶裥的奢华天鹅绒礼服。

图5-27　**连体翻领示意图**

领子的翻领部分和领座连在一起裁剪成一整片。

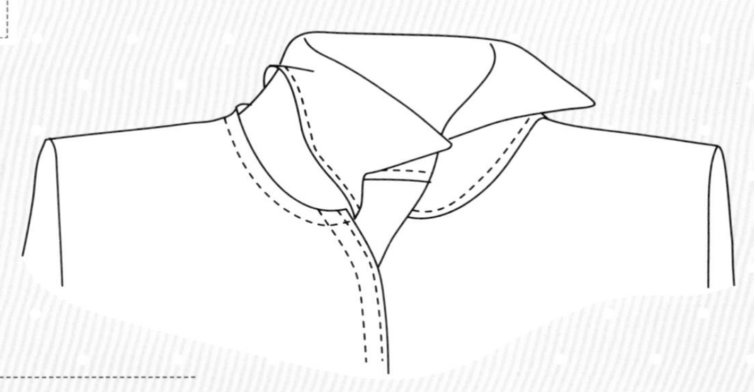

衬衫领

标准的男式衬衫领一般由四片构成：两片翻领和两片领座。大多数男式衬衫的领子都要粘衬，以具有良好的保型性，特别是商务衬衫。衣领的缝制并不难，但关键要保证精准，特别要注意领尖的缝纫，可以参考“控制用针”部分（见56～57页）。具体缝制时可以先缝合翻领部分，然后修剪缝头，将其翻到正面熨烫。最后将翻领夹在两片领座之间进行缝合。

有些衬衫领没有独立的领座，即连体翻领。下面的练习主要针对这种领型。先掌握这种较简单领型的工艺技巧，再尝试练习有独立领座的领型。另外，缝制时必须格外仔细，以保证领子左右对称。

练习时需要准备男式衬衫领的样板和黏合衬。

X　用白坯布裁剪出衬衫领，将领面粘衬。

X　将粘衬的领面翻到正面，将领下口线的1cm（0.39英寸）缝份向内翻折烫平。距烫迹线0.7cm（0.27英寸）缉一条明线。

X　领面和领里正面相对，领外口线对齐，此时领面会比领里长1cm（0.39英寸），这是正确的，因为上一步中领面下口线的缝头已经翻折烫平。

X　用1cm（0.39英寸）的缝份沿领外口线将上下片缝合起来。

X　将缝份修剪成0.5cm（0.19英寸），将领子翻到正面熨烫平整。

X　将领里与衣身正面相对，领里下口线与衣身领窝线对齐，缝头为1cm（0.39英寸），将两者缝合起来并熨烫。

X　用车缝过明线的领面下口线包住上一步装领的缝头。

X　距烫迹线边缘0.2cm（0.08英寸）再车缝一条明线。

X　熨烫领子。

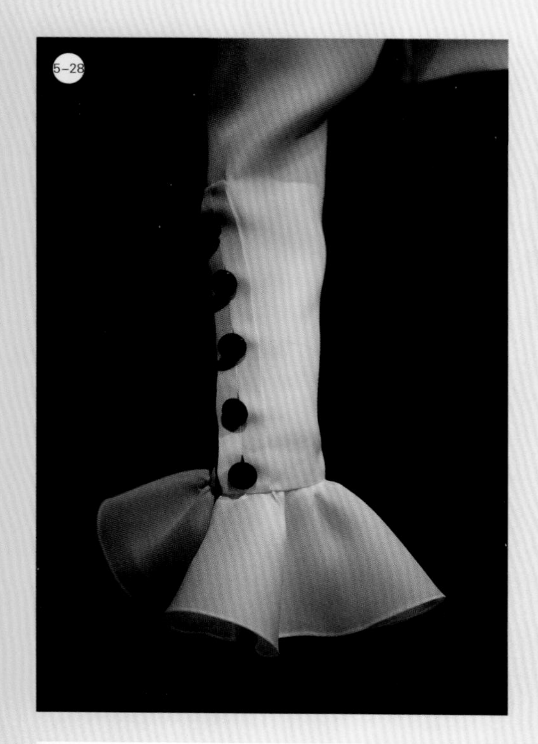

图5-28 **南·坎普那（Nan Kempner）1964年名为“美国人在巴黎”作品**

白色丝绸衬衫的袖口有扣子和荷叶边。这款袖子类似于古代战服的金属护腕，不同的是向下延伸出了荷叶褶边。

袖克夫

大多数衬衫的袖克夫都是标准的方角或圆角。双层袖克夫的宽度是普通袖克夫的两倍，向外翻折后用链扣固定，也称为法式翻边袖口。带荷叶边的是比较华丽的装饰性袖口。

此处练习缝制的是带袖衩的标准型袖口，这种袖衩呈剑型，也称为宝剑头袖衩。即在袖口开衩处另外装上门襟和里襟，用于钉扣子和锁扣眼。

袖衩

衬衫袖口的形式多种多样，如带袖衩的袖口（见145页的例子），封闭式袖口（束口型）或松紧式袖口。大多数男式长袖衬衫都是带袖衩的袖口。

学习如何缝制袖衩有好几种方法，其中一种是找一件旧衬衫，将袖克夫和袖衩拆开，一边拆，一边做笔记，然后再将它按原样缝合起来。拆解时，还要留意粘衬的类型和位置。

图5-29 **袖衩缝制示意图**

5-29

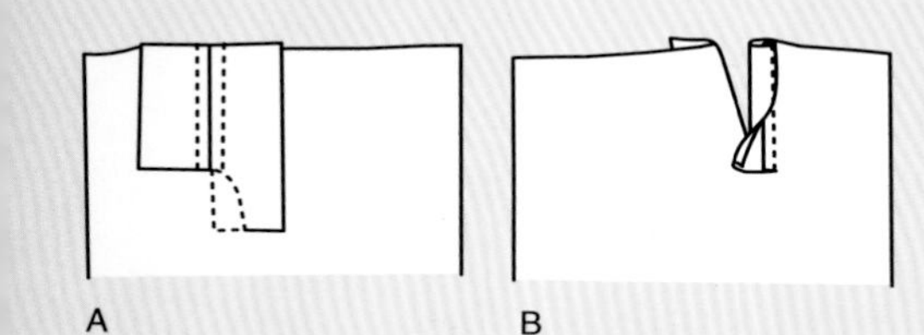

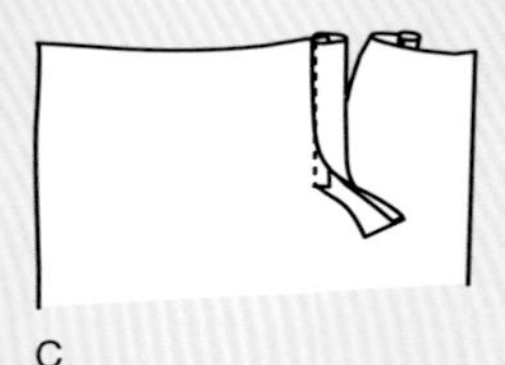

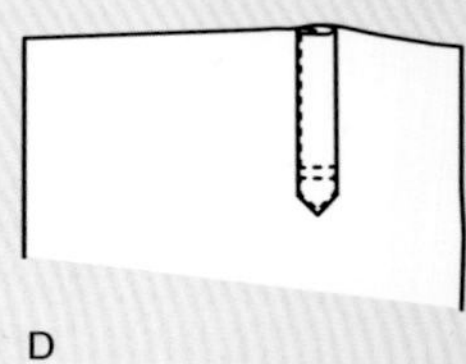

图5-30 **袖克夫缝制示意图**

缝制袖克夫之前要先装好袖衩。

R. 正面

W. 反面

5-30

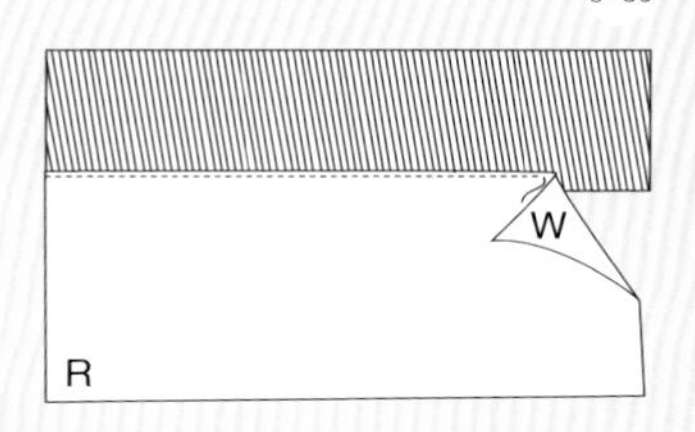

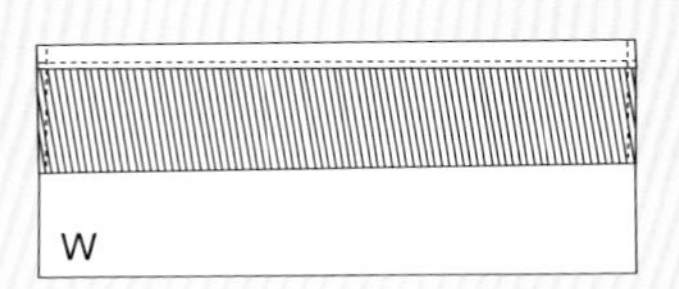

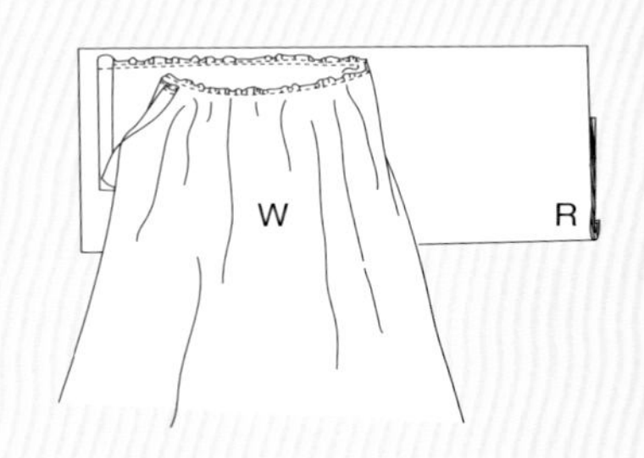

装袖衩

所需准备的材料包括：袖克夫样板、袖衩样板、衬衫袖子样板、黏合衬。

A 分别裁剪袖克夫、袖衩和袖子。给袖克夫面料粘衬。

B 袖衩正面与袖子反面相对放在袖口开口上，袖衩边与袖口边平齐。在袖衩开口线两边平行于开口线车缝0.6cm（0.23英寸）。

C 将袖子翻到正面，将袖衩短边（里襟）向袖子正面翻折，再将此边的缝头折倒，用短边袖衩的布料包住上一步的缝头，正好盖住上一步的缝合线迹，尽可能地靠近折边车缝一条明线。

D 将袖衩的长边（门襟）翻到正面。如果不容易翻折，可在袖衩开口末端打个三角形剪口。按照设计的剑头形状沿边缘车缝，缝完后熨烫平整。

袖克夫

X 将粘衬的袖克夫正面边缘向内翻折1cm（0.39英寸）烫平，并距翻折边0.7cm（0.27英寸）车缝一条明线。

X 将袖克夫面和里的正面相对，车缝袖克夫外口线，缝头为1cm（0.39英寸）。缝完后将缝头修剪为0.5cm（0.19英寸）。

X 换成抽细褶压脚，收缩袖子的袖口，使其与袖克夫长度相同。

X 袖克夫里的正面与袖子反面相对，从袖衩处开始用1cm（0.39英寸）的缝头将两者缝合到一起。

X 将袖克夫面包住上一步的缝头，距边缘0.2cm（0.08英寸）车缝一条明线。

图5-32 **玛尼（Marni）2013年秋冬作品——醒目的红色衬衫，搭配中式立领**

领子变化

下面几个练习主要是帮助大家掌握领子的缝制方法，包括立领、平领、合体翻领。

中式立领

这款中式立领的外边缘有滚边，也可以在领口加入其他装饰，如蕾丝。

完成下面的练习需要准备以下材料：立领样板、衬衫样板（前后片）、贴边样板（前后片）、衬布、斜裁滚边布、滚边嵌线、隐形拉链压脚和平缝机压脚。

X 裁剪以上所有样片，给前后衣片的贴边和领面粘衬。

X 准备滚边嵌线，至少比立领外口长3cm（1.18英寸）。使用隐形拉链压脚（使缝合线迹尽可能地靠近嵌线），用斜裁滚边布条包裹住嵌线缝合（图5-31A）。

X 更换成平缝机压脚，将滚条的缝头与领子外口缝头对齐，滚条与领子正面相对，用0.5cm（0.19英寸）的缝头将滚条与其中一片领子的外口线缝合固定在一起（图5-31B）。

X 两片立领正面相对，缝头对齐放在一起（此时滚条被夹在两片立领中间）（图5-31B）。用0.5cm（0.19英寸）的缝头缝合立领外边缘。修剪缝头后，翻到正面熨烫。

X 缝合前后衣身的肩缝，并劈开缝头烫平。

X 将领面后中点与衣身领窝线后中点对齐，用0.6cm（0.23英寸）的缝头将两者缝合在一起。将贴边与衣片正面相对放齐，从而使领子夹在衣片和贴边之间，用1cm（0.39英寸）的缝头将两者缝合起来，在领窝曲线处打上剪口。贴边的另一侧采用卷边方法缝合处理毛边。完成后翻到正面熨烫平整（图5-31C）。

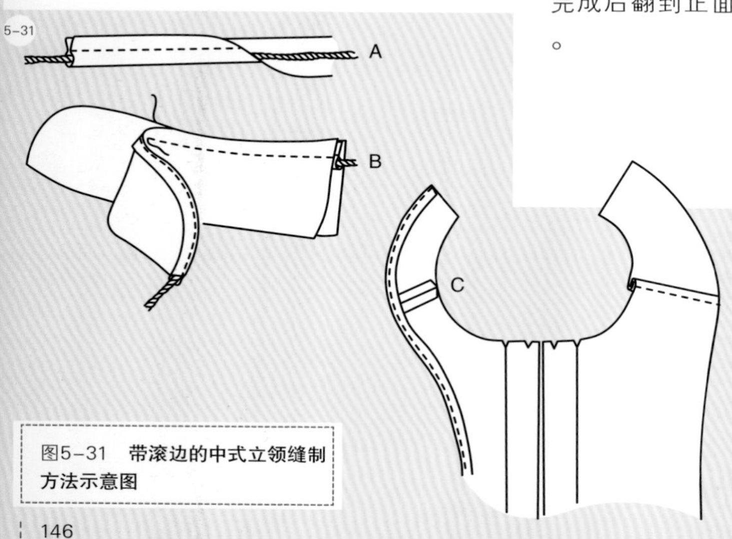

图5-31 **带滚边的中式立领缝制方法示意图**

5–32

5-33

图5-33　玛尼（Marni）2013年秋冬作品——可拆卸的平翻领

图5-34　带滚条的平翻领缝制示意图

此款平翻领的外边缘带有装饰滚条，也可以选用其他装饰材料，如蕾丝。

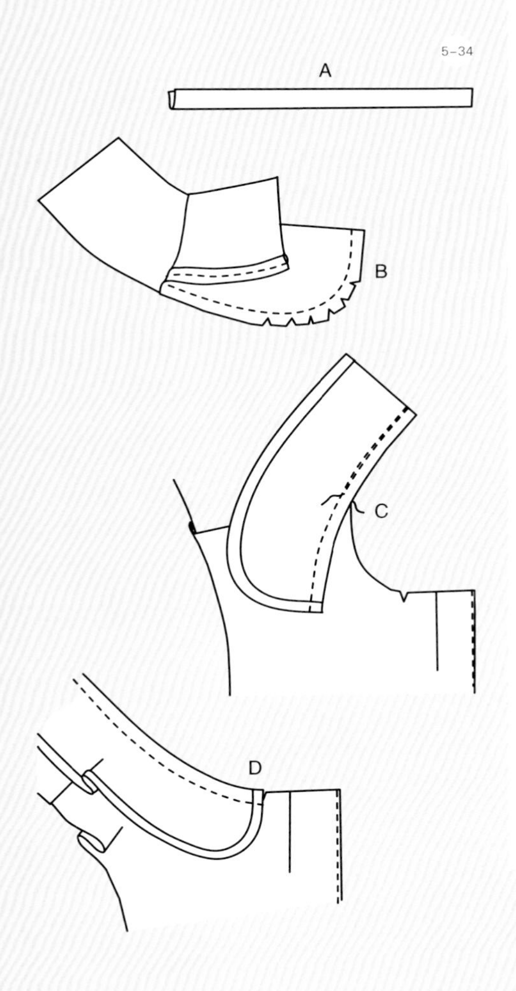

平翻领

平翻领现在越来越流行，早先平翻领多用于小女孩的童装中，近年来在男女装中越来越多地受到关注。

完成下面的练习需要准备以下材料：平翻领样板、衬衫样板、斜裁滚边、滚边嵌线、隐形拉链压脚、平缝机压脚和衬布。

X　裁剪以上所有纸样，并将领面粘衬。

X　准备滚边嵌线，至少比领子外口长3cm（1.18英寸）（图5-34A）。用斜裁滚边布条包裹住嵌线，使用隐形拉链压脚缝合（使缝合线尽量靠近嵌线）。

X　更换成平缝机压脚，滚条的缝头与领子外口缝头对齐，两者正面相对，用0.5cm（0.19英寸）的缝份，将滚条与其中一片领子的外口线缝合固定在一起（图5-34B）。

X　将领面和领里正面相对放在一起（此时滚条被夹在两片领子中间）。用1cm（0.39英寸）的缝份沿领子外口线车缝。修剪缝头，并在领子曲线部位均匀打上剪口，再翻到正面熨烫平整。

X　将衣身领窝线的后中点与领子的后中点对齐，用1cm（0.39英寸）的缝头将领子和衣身缝合在一起。装领时注意随时旋转领子，使缝头均匀、对位点准确（图5-34C、D）。

图5-35 **翻领**

20世纪60年代的传统翻领羊毛大衣。

图5-36 **翻领缝制方法示意图**

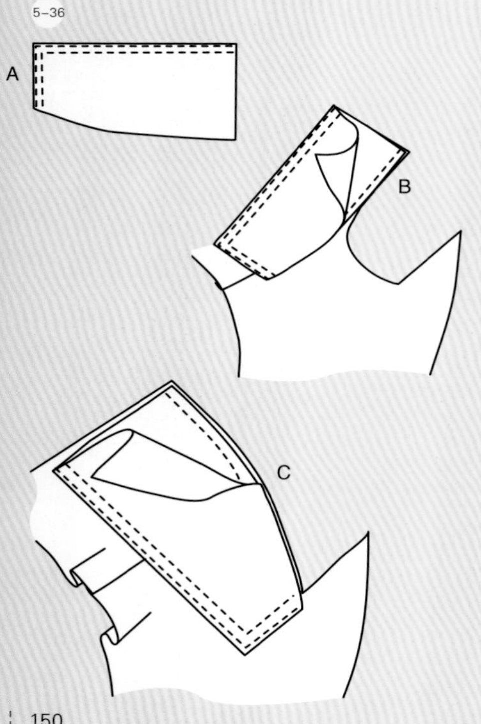

合体翻领

这类领子包括普通翻领和西装领。常见于男女装的西装和外套中。

完成下面的练习需要准备以下材料：外套样板（前片和后片）、翻领样板、平缝机压脚和衬布。

X 裁剪以上所有纸样，并将领面粘衬。

X 领面和领里正面相对，用1cm（0.39英寸）的缝头缝合领外口线，再将缝头修剪成0.5cm（0.19英寸），翻转到正面熨烫平整后车缝明线（图中为双明线，单明线也行）（图5-36A）。

X 将领里的正面与衣身正面相对，领后中点与衣身后中对齐，将衣身的领窝弧线与领子缝合起来。一定要注意，此时缝合的不是两层领子，仅是未粘衬的领里部分（图5-36B）。

X 装领时注意随时旋转领子，使缝头均匀，领子的肩缝对位剪口要与衣身的肩缝对齐（图5-36C）。

X 将领面与衣身缝合，确保各对位点准确对位。

图5-37 **古琦（Gucci）2013年秋冬作品**

双排扣男装外套，毛皮翻驳领为该款服装的亮点。

5-37

口袋

图5-38 **单嵌条口袋**

图示为传统马夹或西装上的单嵌条口袋。

口袋既具有功能性，也具有装饰性。无论是哪种口袋，都要重点考虑尺寸、位置和缝制工艺等要素。口袋可以采用与衣身相同的面料缝制，也可采用与衣身呈对比性的不同面料（以设计为主）。不同款式风格的口袋如下所述。

贴袋

贴袋是最简单的一种口袋，可以是圆形、方形或不规则的任何形状。贴袋的缝制较简单，一般将贴袋的袋布平放在衣片正面，车缝袋布周围，上端留出开口即可。贴袋可以带衬里，也可以不带。贴袋常见于衬衫、夹克和西装等服装上。

带袋盖贴袋

与贴袋相同，只是在贴袋袋口处装了个袋盖。

裤子/牛仔裤口袋

裤子口袋可以是弧形袋口，也可以是以一定角度裁剪成不规则形的袋口。

双嵌条口袋

常见于男西裤和西装中。袋口由两根窄嵌条构成，袋布在服装里面与嵌条缝合在一起。

接缝口袋

利用服装的接缝装口袋，袋口处常装有拉链或纽扣起封闭作用。

单嵌条口袋/胸袋

多用于男西服和外套的前胸袋。

图5-39　**单嵌条口袋缝制方法示意图**

单嵌条口袋

完成下面的练习需要以下材料：单嵌条口袋样板、平缝机压脚、衬布、画粉、用于装口袋的一块白坯布，约30cm×30cm（11.8英寸×11.8英寸）。

X　裁剪以上所有样片，并将嵌条面粘衬。

X　用画粉在白坯布上画出装口袋的位置（口袋的大小为嵌条长度减去缝份）。

X　将单嵌条正面相对沿长度方向对折；将两边缝合，修剪缝头后翻转到正面熨烫。

X　将做好的单嵌条袋盖放在其中一片袋布中间，上边缘缝头对齐，以0.6cm（0.23英寸）的缝头，沿上边缘将两者缝合。

X　将上一步缝合好的袋盖和袋布放在白坯布上的口袋位置，袋盖朝下。从袋盖的一端缝合到另一端，两端一定要打倒针固定。注意缝合长度是袋口的宽度，而不是袋布的宽度。

X　掀起袋盖和袋布的缝头，距上一步缝合线两端0.6cm（0.23英寸）作标记，在缝合线上面剪开袋口，距离袋盖两端0.6cm（0.23英寸），即上一步所作标记处，剪成小三角形。

5-39

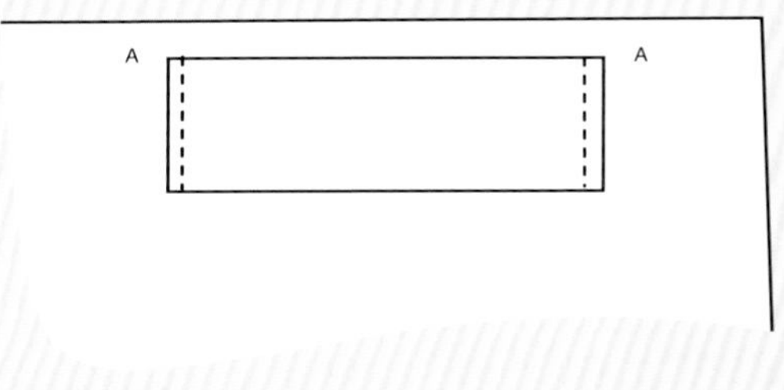

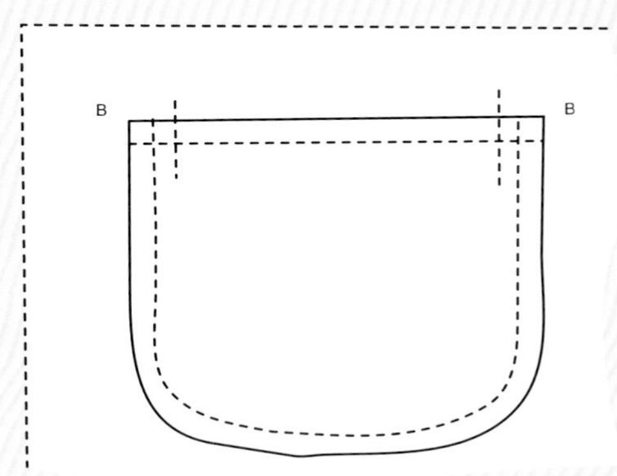

X　将另一块袋布放在上面，平行于剪开线与袋口上边缘缝合。

X　将单嵌条袋盖向上翻折，袋布通过剪开线翻转到衣片内侧。在单嵌条袋盖两边缉0.3cm（0.12英寸）的明线（图5-39A）。

X　翻到背面，将上下两块袋布缝合在一起（图5-39B）。

案例2：维多利亚·惠特克

5-40

维多利亚·惠特克（Victoria Whittaker）2013年毕业于曼彻斯特城市大学，获得服装设计与工程专业的理学学士学位（荣誉）。曾被提名为2013年的立体裁剪技术奖。

项目灵感

2012年夏天，维多利亚参加音乐节时，注意到当音乐节结束时，数百顶帐篷被留在场地上，没有人愿意把它们收起带走。看到志愿者们将帐篷收起来，用手推车运到一起倾倒成堆，准备作为废品处理掉，维多利亚觉得这简直就是浪费资源。因此，她决定对音乐节用剩下的这些帐篷作些研究，这一灵感启发她走向了环保回收项目的研究。

设计来源

以帐篷为原材料，设计服装的灵感来自于2014年夏天的一个“海洋工程”方面的广告宣传，即关于海上作业人员的服装。这一设计主题已经拓展应用到了RNLI（英国皇家救生艇协会）的救生艇和海滨救援人员的服装上，影响了夹克的款式风格和平面设计思路。

在帐篷、救生艇和海滨服三者之间存在着几个共同的设计特点。维多利亚对这些特点进行了分析和论证，并最终反映在了夹克的细节设计上。

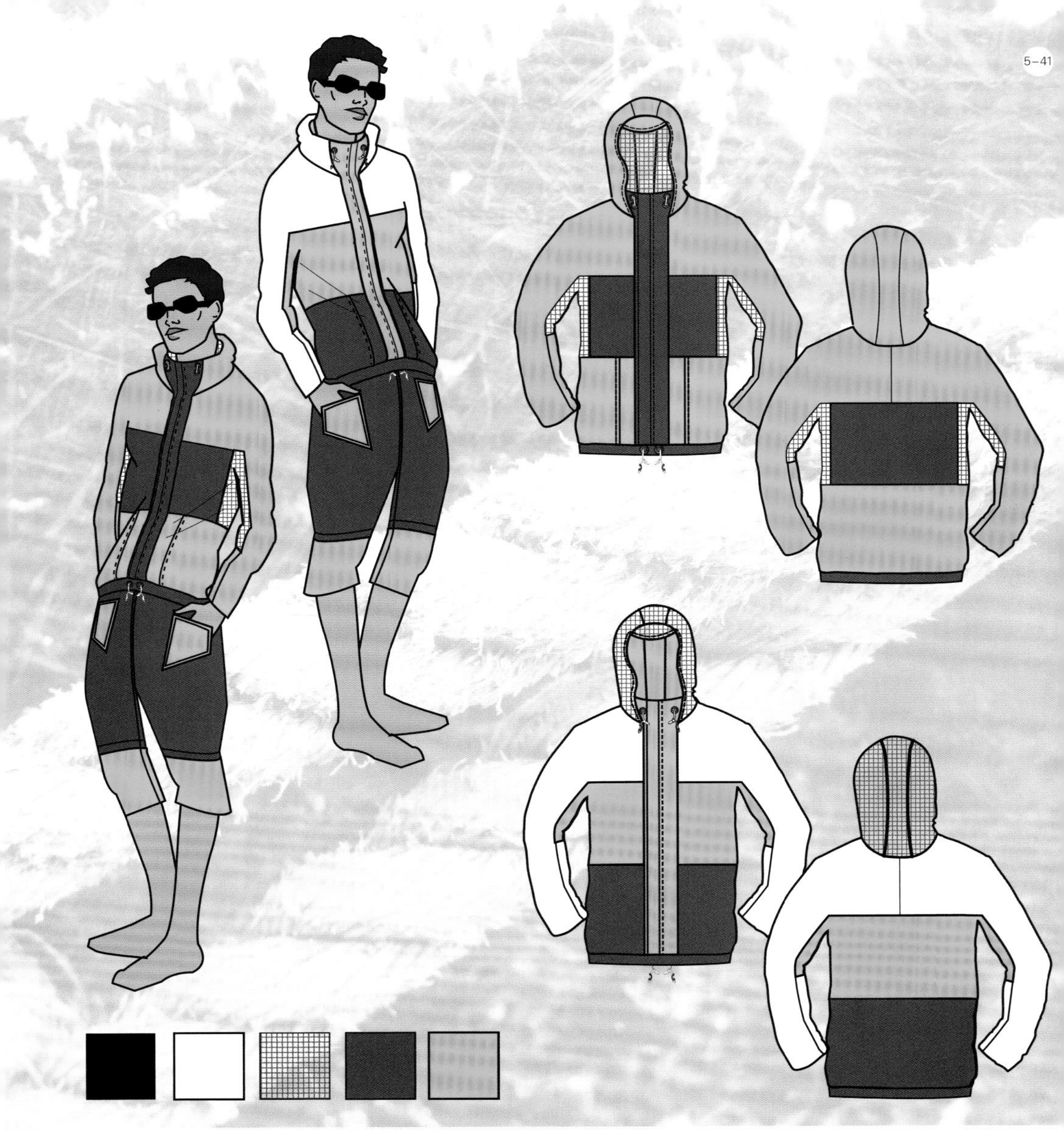

图5-40、图5-41 **维多利亚及其夹克研发和设计灵感**

该设计保持了RNLI的风格，应用了一些改善织物肌理的技术。

服装的构成

2012年音乐节所用的帐篷被回收利用设计成了夹克，服装的构成方法如下：

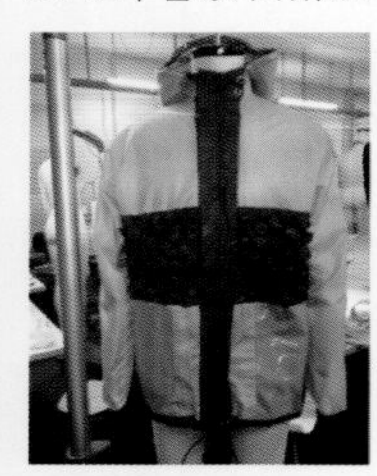

夹克的下摆和风帽上有个固定拉绳的小铜环，这个铜环原先是用于固定帐篷的地垫环。

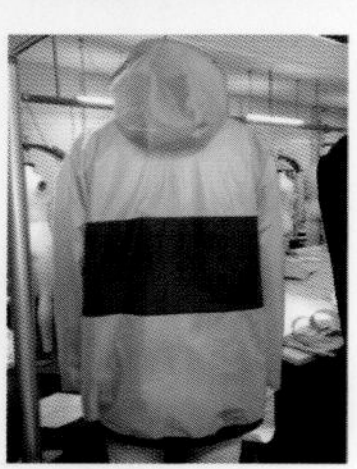

夹克上的黄色和灰色面料取自于帐篷的外层材料。

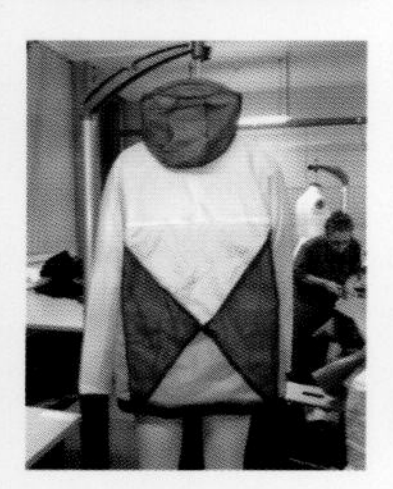

夹克内层的腋下片和风帽衬里所用的黑色网眼布，取自于帐篷开口处的内层材料，在帐篷上的作用是遮挡蚊虫。夹克的腋下选择这个网眼材料，有利于服装内水蒸汽的散发，使服装穿着干爽舒适。

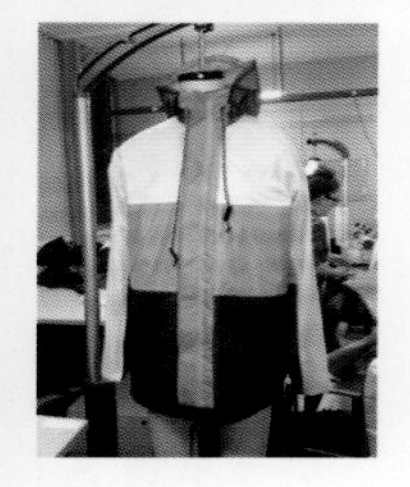

夹克内层的上半部分，采用了帐篷顶部的内层材料，作为夹克的衬里。

夹克下面的两个大袋，取自于帐篷的视窗材料。

夹克下摆和风帽上用于调节松紧的拉绳，取自于帐篷的导引绳。.

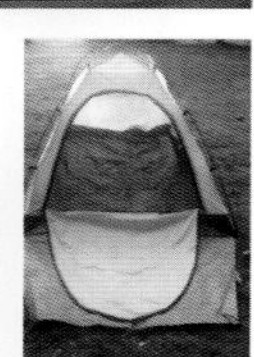

衣服上的拉链取自于帐篷外层开口的拉链。帐篷开口处的拉链头具有转换功能，使帐篷既可以从内部拉合，也可以从外部拉合。这个功能被完美地应用到夹克上，使夹克从正反面都可以穿着。

服装上的白色面料取自于帐篷的内层材料。这是帐篷所有材料中唯一透水透气的，所以将它应用于服装的内层作为衬里。

图5-42　**构成方法**

图中说明了帐篷的各个部分是如何再设计构成为服装的各个组成部分。这一构成方法既体现了设计主题，又证明了这是一次负责任的彻底的回收再利用过程。

设计过程

在进行设计之前，首先要考虑的是这款利用废料回收再设计的服装要集舒适、美观和功能于一体。

X 无肩缝的设计用以防水。

X 袖子腋下插角的设计，使胳膊能够上下活动自如。

X 风帽外边缘设计有拉绳，以便调节松紧。

X 拉链的设计使服装从正反两面均可穿着。

X 正反两面均能穿着使服装的功效性更好。

X 这是结合了环保工艺方法设计而成的夹克。

缝纫工艺

维多利亚认为整件服装的所有面辅料均要取自于帐篷，不能采用帐篷以外的其他任何材料，这一点很重要，只有这样才说明了这是一次彻底的回收再利用过程。

夹克的拉链取自于帐篷外层开口的拉链。帐篷开口处的拉链头具有转换功能，使帐篷既可以从内部拉合，也可以从外部拉合。这个功能被完美地应用于夹克上，使其从反面也可以穿着。维多利亚遇到的问题是帐篷的拉链是封闭型的，末端不能打开，这多少影响了她的设计，使夹克的下摆不能打开，所以必须套头穿脱。

夹克下摆和风帽上的调节拉绳取自于帐篷上的导引绳。

夹克下面的两个大袋取自于帐篷的视窗透明材料。

夹克上的黄色和灰色面料都取自于帐篷的外层材料。白色面料取自于帐篷的内层材料。这是帐篷所有材料中唯一不防水的，所以将其应用于服装的内层。

维多利亚尽可能多地利用帐篷材料。夹克腋下和风帽衬里所用的黑色网眼布，取自于帐篷开口处的内层材料，在帐篷上的作用是遮挡蚊虫。网眼材料用于服装的腋下，有利于人体汗液的蒸发排出，增强服装的透气和透湿性，提高穿着舒适性。

取自于帐篷顶的内层材料用于夹克内层上半部分的衬里材料。

帐篷的外层材料是100%的聚酯纤维织物，具有较好的热塑性——将织物塑造成一定的形状后加热定型，就可以永久地保持该形状。维多利亚利用这一特性，设计了夹克的肌理。她从曼迪斯利（Mundesley）沙滩上找到一些碎贝壳，用帐篷外层的灰色面料将碎贝壳紧紧裹住，再放入蒸屉中热蒸45分钟，进行热塑定型，去除贝壳后，织物表面就有了凸起的贝壳肌理。维多利亚将这款带有肌理的灰色面料设计在夹克前后片的中间位置。

访谈8：莉亚·佩克

5-43

莉亚·佩克（Léa Peckre）1984年出生于巴黎，她成长于浓厚的电影和摄影艺术氛围之中，这两种艺术对她以后的事业产生了巨大影响。

莉亚很早就被艺术深深吸引着，起初她的主要兴趣是陶瓷和纺织品设计。之后她在艺术学院又主修了服装设计专业。2004年，她又到极富盛名的布鲁塞尔拉坎布雷（La Cambre）时装艺术学院留学。

2011年，莉亚·佩克以优异的成绩毕业后，在第25届国际耶尔节上，她以“墓园中的花园”为主题设计的系列服装作品，赢得了欧莱雅专业评审团大奖。她赢得的著名奖项主要有：拉坎布雷奖（La Cambre Award）（2010），布兰奇街奖（Rue Blanche Award）（2010年），巴黎时装奖（City of Paris Fashion Award）（2008年）。

莉亚·佩克的服装职业生涯是通过在一些著名的时装品牌中实习开始的，例如：让·保罗·戈尔捷（Jean Paul Gaultier），纪梵希（Givenchy），伊莎贝尔·玛兰（Isabel Marant）等，随后在2013春/夏发布会上，莉亚·佩克以“黑暗之光”为主题推出了自己的品牌。

您的灵感来自哪里？

我主要受建筑和光影的启发，我觉得我的设计灵感更接近于浪漫主义画家的观点，例如：卡斯帕·大卫·弗里德里希（Caspar David Friedrich）。但是，说实话，设计灵感可以来自于任何事物。

您是否认为创作的过程需要涉及制作完成一件服装所需的各个方面？

在我的创作过程中，每一个想法都与面料和服装的制作紧密相关。在整个过程中会涉及各种工作，如在模特上试衣、协调模特、试验各种面料、绘制样板、裁剪等。

您什么时候考虑服装所需的缝纫技术？

一研发出新面料，我就要考虑与之相匹配的缝纫工艺。我不断尝试各种试验并制作样本，直到达到我所希望的完美效果。当我审视整个系列的设计时，必须保证各件服装之间的缝纫技巧具有一致性。

图5-43、图5-44　**莉亚·佩克及其立体肌理的短裙**

短裙的立体肌理，将合体性和不规则裁剪有机地协调在一起。

5–44

5-45

在您的创作过程中，需要投入多长时间来考虑缝纫工艺方面的问题?

对缝纫工艺方面的考虑，是整个设计过程中重要的一部分，因为恰当合适的缝纫工艺可以使服装的外观干净整齐。

在观看时装秀时，您觉得装饰或者配件很重要吗?

我很喜欢各种装饰和配件。例如，在我的最新系列中，就采用了罗纹装饰边和拉链。装饰物和配件在服装上都是显而易见的，所以要认真对待每个细节，还要使这些细节与服装的整体美感统一协调。

图5-45　**透明薄短裙**

短裙的腰部有印花图案作为装饰，与印花图案相匹配，短裙的廓型设计成了郁金香型。

图5-46　**雕塑效果的装饰**

透明薄长裙的腰部设计了由印花羊毛织物制作的多层浮雕效果的装饰。

在服装的实现过程中，您认为缝纫有多重要?

良好的缝纫效果需要一丝不苟的敬业精神和全面完备的服装专业知识才能得以实现，这就是为什么缝纫工作非常耗时耗力，还要求有较高的专业技能。

您最喜欢用哪种面料?

我喜欢绸、绉、毛呢以及一些高档内衣面料。

您对年轻设计师有什么建议?

要充满激情、自律进取、坚持到底、永不言弃。

图5-47　**连衣裙**

两种色调的高腰连衣裙，搭配带有纹理的装饰腰带。

图5-48　**夹克和长裤**

衣长过腰的合体短夹克和宽腿型长裤相搭配，形成的廓型令人惊叹。

5-48

第6章 科技创新

爱丽丝·范·赫

现代时尚产业和服装行业中的科技创新包括很多工艺方面的技术，例如，三维服装打印技术、服装的循环回收等。通过在各个专业方向上尝试新思路和新方法，科技创新为设计师们开拓了新的创作思路，例如运动服装产业，经过在高街中的不断筛选，现在已经成为大众消费的主流产品。

利用计算机辅助设计CAD（comp-uteraided design）或计算机辅助制造CAM（computeraided manufac-ture）技术，可以在很大程度上节约成本，特别是在新产品的预研过程中，不用涉及具体的材料支出和其他额外费用。计算机辅助设计技术（CAD）使得设计人员或零售商在服装投入生产之前就能预见产品的发布会效果和定货情况。

在时装设计和制作工艺中不断地有新技术出现。“虚拟显示”就是近些年出现的一个新技术，这一技术使得服装在实际缝制前，就能以三维虚拟模型的形式在计算机上显示出来，供设计师进行修改完善。这些虚拟模型可以模拟与人体实际测量相同的人体体型。与此同时，也可以将二维样板应用到模型上产生三维服装模型。设计师利用这一技术，在服装投入生产之前就可以在计算机上预览整个系列作品的设计效果和预测服装的合体程度。

三维人体扫描技术是时尚产业中最新的一项创新技术，常用于内衣等对合体性要求较高的产品中。这一技术使得大规模采集人体数据成为可能，也使服装具有了更高的合体度。

三维打印机是用于制作样衣的优良工具，特别是用于运动类的服装。该打印机能在采用特殊配方制成的纸上生成“平面纸样”，然后再根据平面纸样打印出三维样衣。样衣是根据设计思路制作完成的样品，供设计师和零售商评价、预测和分析产品的设计思路和商业前景。从以上阐述中可以看出，科技创新在时尚产业中是必不可少的，优良的工具和方法有助于创意的实现。

图6-2 加勒斯·普（Gareth Pugh）作品

用银色皮革制作的礼服。出现在《1950年以来英国顶级晚礼服》书中，2012年在维多利亚和阿尔伯特博物馆展出。

图6-3 候塞因·卡拉扬(Hus-sein Chalayan)2009年名为“解读”的作品

这个系列的作品中包含发光的晶体和闪烁的LED灯。

6-4

科技与传统

现代科技创新带来的新工艺正在丰富着传统缝制方法。另外，高科技下产生的新型面料也需要开发更复杂的缝制技术与之相适应，如保温型面料、凉爽型面料等，因为传统缝制技术已不能有效适应新型织物的结构和性能要求。

以潜水服的缝制工艺为例。第一道工序是“粘接”，要用胶粘合服装各片之间的分割缝，使接缝防水。第二个工序是缝合，使服装穿着时能够满足人体的各种活动。

热黏合是一种无缝工艺技术，要求材料具有较好的热塑性。当材料受到热力作用时，接缝处的材料会熔融黏合在一起。这种工艺不需要针、线和黏合剂。

虽然现代科技带来了很多方面的先进工艺，并且还在日益不断地创新发展，但是不要忘记，成千上万的日常服装还是采用传统技术缝制的。如果不是以这些传统工艺为基础，新工艺根本不会有用武之地。

图6－5 **爱丽丝·范·赫本(Iris vanHerpen)2013年名为“电压”的作品**

模特身着3D打印服装，与环境背景交相辉映。

图6－4 **皮尔·卡丹(Pierre Cardin)1959年秋冬作品**

模特身上穿的大衣领子是通过模压成型的。

将3D打印技术应用于时尚领域中是否是一件好事?

要评价3D打印技术是否适合应用于时尚行业，首先要看它是如何被利用的。目前，3D打印技术主要应用于以下三个方面。

X 快时尚消费品。

X 高端女装成衣。

X 高科技合体运动服。

在任何情况下，评价的底线都是“能否带来盈利？”

快时尚消费品

正如网上购物已经成为我们日常生活的一部分，可以预见3D打印技术的应用也即将从低端廉价的快时尚消费品方向转向高端高质量的“量身定制”方向发展。从根本上说，就是将已经设计好的标准体型的服装，针对特定的具体客户量身定制出来。成本问题可以通过科技的不断进步迎刃而解。3D技术的初始投入可以通过零售商收取服务费的方式逐渐收回。所以，从长远角度来看值得去做。

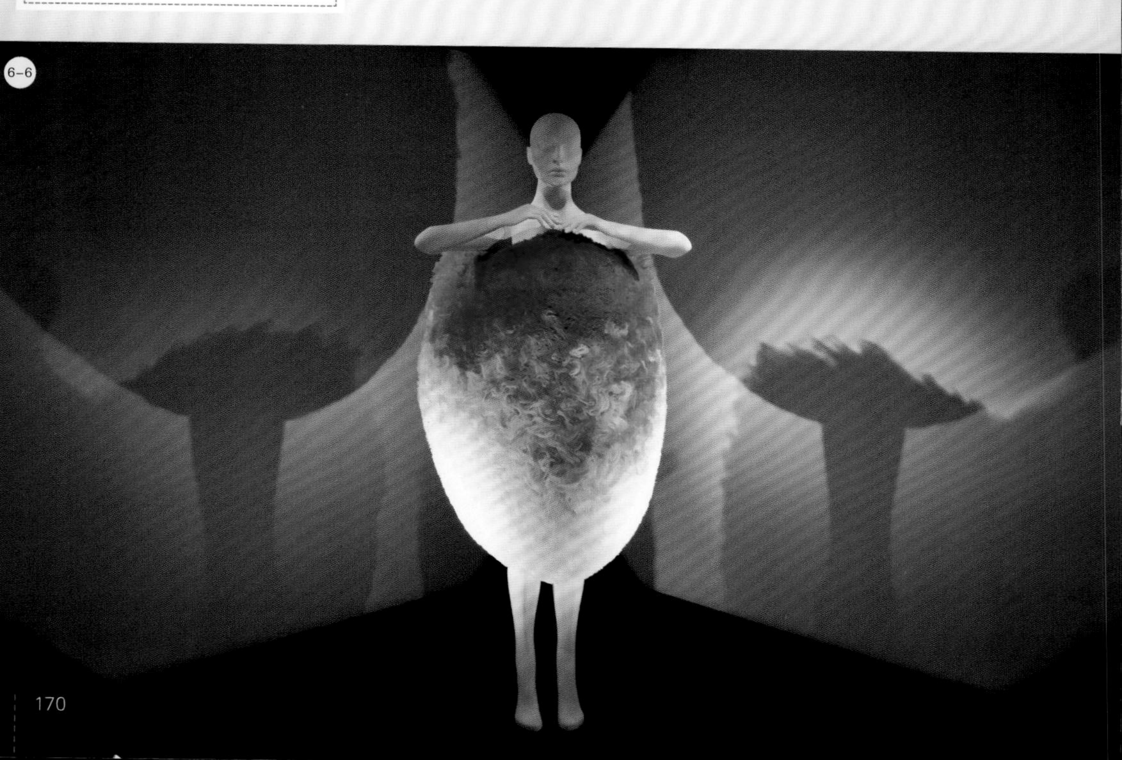

图6-6 阿梅利亚的作品

扭曲的设计，阿梅利亚·阿戈斯塔（Amelia Agosta）在2012年欧莱雅墨尔本时装节全国硕士研究生作品展上的作品——扭曲的设计，采用了三维人体扫描和3D打印技术。

高端女装成衣

时尚界的很多人都认为服装或者设计作品只有穿在苗条纤细的人身上才好看，并试图将这种理念传递到大众中去。当引入3D打印技术后，设计师们就可以通过特别设计的3D图案，将人们的视线从感观缺陷上引开；也可以利用3D打印技术，在服装上制造错视效果。这样，就可以为各种体型的人群设计定制令人满意的服装了。

图6-7 **候塞因·卡拉扬（Hussein Chalayan）薄纱礼服作品**

来自于2012年伦敦维多利亚与阿尔伯特博物馆推出的“1948~2012年的英国设计：现代创新展”。

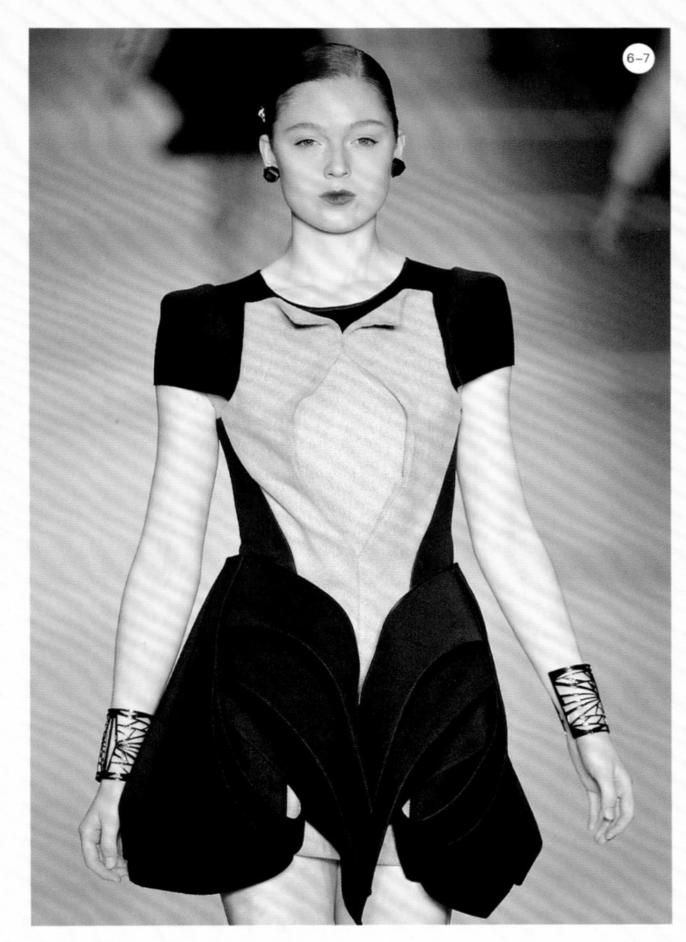

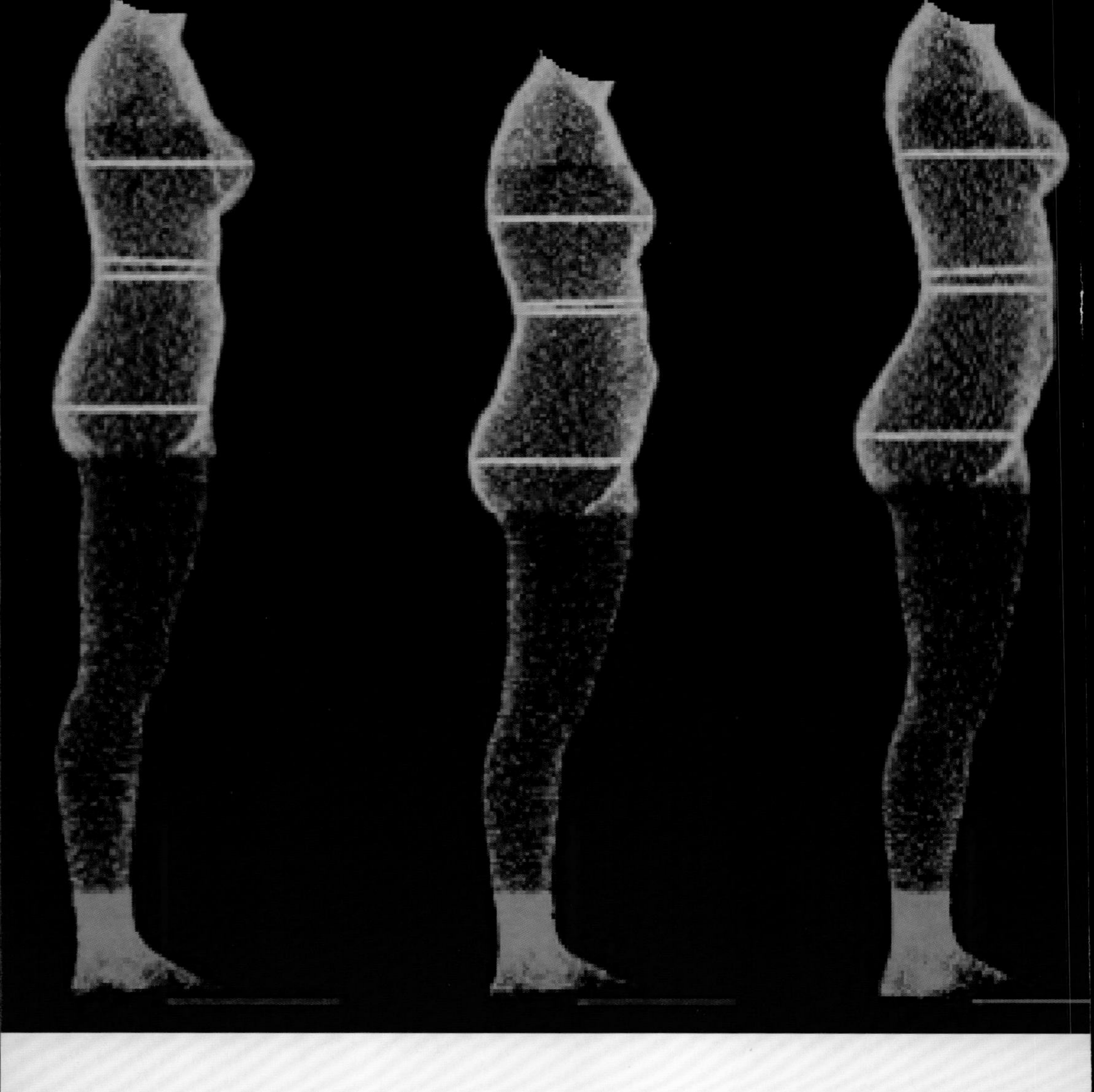

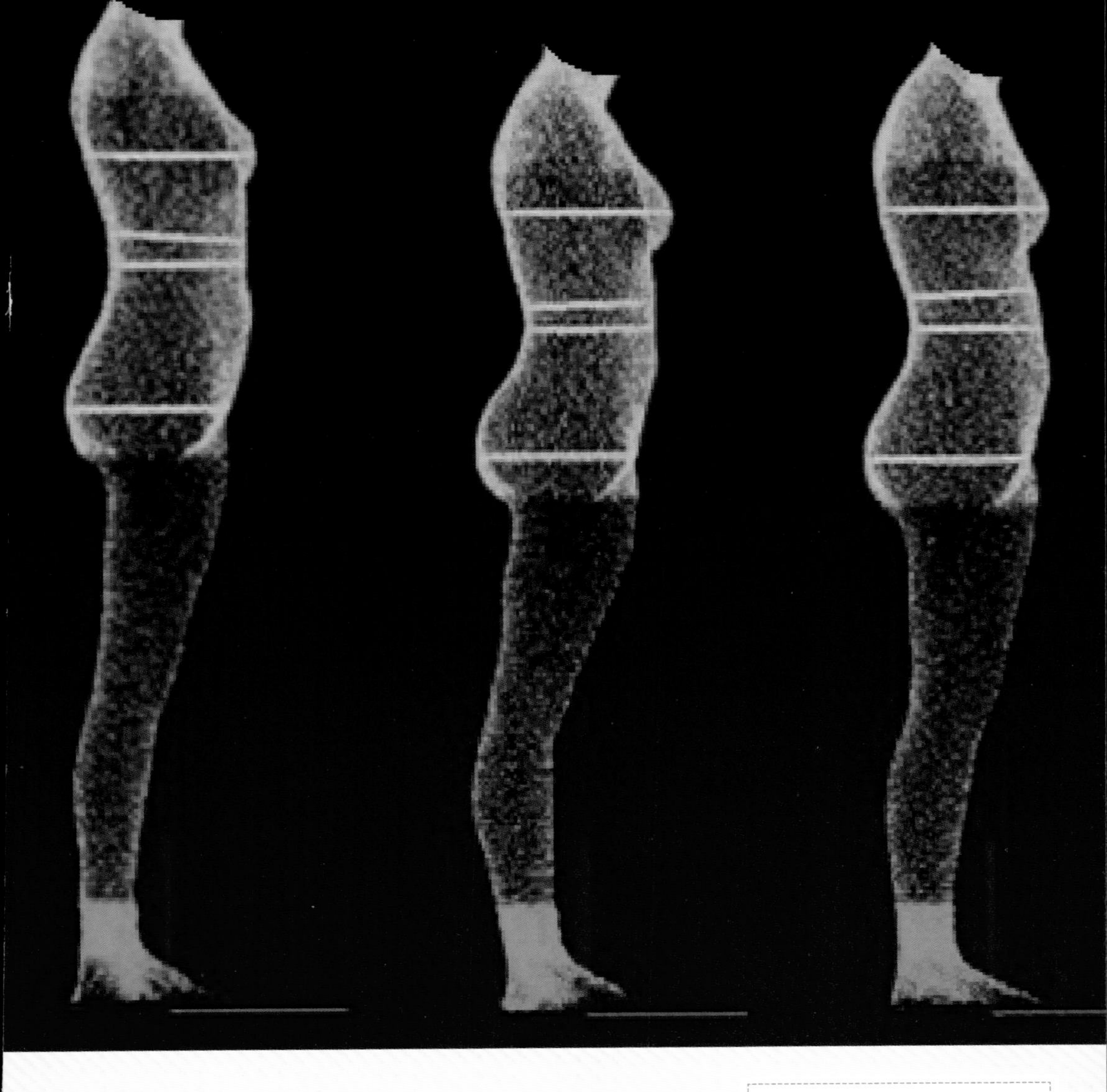

图6-8 **三维人体扫描技术**

三维人体扫描仪可以同时采集并记录人体数百个数据，并通过这些数据建立代表人体体形的三维虚拟图形。

6-9

高科技合体运动服

2012年的奥运会和残奥会，充分证明了3D打印技术在运动服方向上大有用武之地。因为在运动场上，没有所谓的“标准体型”选手。服装上采用的3D人体扫描技术，类似于目前民航上的安检系统，可以用来测量和储存每个运动员体形的精确数据。面料也是针对运动员的具体情况在各种不同运动条件下进行测试的，可以确保服装在合体度、选材和制作工艺等方面都具有强大的功能性。

图6-9　**速比涛（Speedo）的第二代鲨鱼衣**

这款泳衣的设计目的在于提高运动员的游泳效率和成绩。采用人体扫描设备采集数据，使其合体性更加完善。面料的开发过程与后续的缝合工艺相结合，将服装对运动员产生的不适感降到最低，使其能更专注于游泳技术的发挥。

三维人体扫描

三维人体扫描仪起初应用于运动类服装，是按运动员的不同体型特征来量身定制服装。然而，三维人体扫描技术很快就发展成为时尚产业中受欢迎的主流方式。目前多用于内衣产品中，这样比用标准号型生产出的产品有更好的合体度。三维人体扫描仪可以采集人体数百项测量指标，包括独特而精准的围度指标采集技术。并且，可以根据这些数据生成人体的外形轮廓图。该技术在时尚界具有很大潜力，不仅在量身定制方面，在可持续发展方面也有广阔前景。同时，利用3D打印机立即生产出服装出售给顾客，这样也尽可能地减少了浪费。

图6-10 **耐克（Nike）紧身田径服**

这款运动服的功能是减小跑步阻力，提高运动员的速度。

结语

《时装设计元素：造型设计与缝制技巧》这本书旨在让读者了解缝制技术和工艺是如何影响设计的。缝纫通常被视为项目的最后阶段。但是，通过本书希望读者可以明白，创意是所有相关事物的综合。缝纫可以用在研究阶段中以提出设计理念。某些情况下，通过缝纫所获得的设计思路完全可以代替通过传统的草图和图片所获得的。

本书的目的还在于鼓励那些刚刚学习缝纫的新手，鼓舞他们亲自实践各种缝制技巧。这样可以帮助读者深入理解什么能够更有效地提升设计。对于有缝纫经验的读者，本书也提供了一些设计过程中可能涉及的元素。许多设计师正在努力使自己的设计具有独创性，使其作品能够在时尚界独树一帜，这其中缝制工艺的作用不容低估。

读者在服装工艺方面创新能力的发展情况依赖于其对基本缝制技术的理解和掌握，本书的内容仅仅是众多工艺技术的一个缩影。希望通过本书，在服装这个富有创造力的行业中，读者可以找到一些有利于其事业发展的灵感。毕竟书中的访谈和案例涉及的都是典型的代表人物，值得学习和借鉴。

参考文献

Aldhrich, W. 2008.
Metric pattern cutting for womenswear.
Wiley–Blackwell

Apple. 2005.
Tailoring: A step-by-step guide to creating beautiful customized garments.
Apple Press

Bergh, R. 2006.
Make your own patterns: an easy step-by-step guide to making over 60 dressmaking patterns.
New Holland

Ganderton, L. 2011.
The Liberty book of home sewing.
Chronicle Books

Hirsch, G. 2012.
Gertie's new book for better sewing: a modern guide to couture-style sewing using basic vintage techniques.
Stewart, Tabori and Chang

James, C. 1998.
The complete serger handbook (new edition).
Sterling

McNicol, A. 2013.
How to use your sewing machine: an absolute guide for beginners.
Kyle Craig Publishing

Mitnick, S. 2011.
The Colette sewing handbook: 5 fundamentals for a great sewing experience.
Krause Publications

Quinn, M.D., Weiss Chase, R. 2002.
Designing without limits: design and sewing for special needs (revised 1st edition).
Fairchild Books

Readers Digest. 1997.
The Readers Digest complete guide to sewing (8th edition).
Readers Digest

Reid, A. 2011.
Stitch magic.
Stewart, Tabori and Chang

Seikatsu Sha, S.T. 2011.
Simple modern sewing: 8 basic patterns to create 25 favourite garments.
Interweave

Turbett, P. 1988.
The techniques of cut and sew.
Batsford Ltd

Vogue Knitting Magazine. 2006.
"Vogue" sewing (revised and updated).
Sixth & Spring Books

Wolf. C., Fanning. R., Cooke. R. 1996.
The art of manipulating fabric.
Krause Publications

附录

附录一　缝制术语

许多缝纫工具和相关术语经历了几百年的演变并没有太多改变，例如，18世纪的锥子（用于在织物或纸样上打孔以标记省道位置），一直沿用到今天。当然，同一种工具在不同的地域也可能有不同的叫法，例如，人体模型在欧洲称为“Mannequin”，在美国则称为“Dress Stand”。随着时装产业的不断国际化，了解不同地域的服装术语也有利于产业内部的相互交流与合作。

术语

套结——用来加固的线迹。

斜丝——与经纱或纬纱成45°的纱向方向。

原型——覆盖人体某部位的基本纸样，可以通过该基本纸样设计其他款式的服装。

梭芯——缝纫机上用于绕底线的配件。

梭壳——缝纫机上用于封装梭芯的配件。

衣身——覆盖人体从肩到臀的躯干部分的服装部件。

速写——快速绘制的服装效果草图。

省道——指将衣料与体表之间的多余部分折叠并缝合，使服装符合人体的体型。省道通常指向人体的凸点，如胸高点。省道也可以用于装饰性。

面料组成——指面料的组成成分，如90%棉、10%涤纶。

贴边——指服装面料缝在衣服里子边上的窄条儿，或者服装边缘向内折叠的部分。贴边的作用是使边缘或者接口部分稳定。如在服装颈部内侧的领口贴边，以及西装门襟处的贴边。

黏合——将带有黏性的材料通过热力作用粘在面料反面，用于加固和支撑面料。

碎褶压脚——缝纫机上的压脚配件，用于给面料抽碎褶。

抽褶——用碎褶压脚将面料抽缩打褶，使服装产生装饰效果，也指袖山和腰头的吃缝量。

纱向线——指面料上平行于布边的经纱方向。

连体翻领——指由独立的一片面料裁剪而成的翻领，如传统的女式衬衫领。

黏合衬——指一侧带有热熔胶的服装材料，受热后可以粘在面料上，起加固和保型作用，如在服装的领子、腰头等部位粘衬。

里子——用于西装和外套等服装的内层面料，用于掩盖服装的口袋、缝头等内部工艺，常选用轻薄滑爽的面料。

底线张力调节器——指位于梭壳上的小螺丝钉，调节其松紧度可控制底线张力。

起绒织物——表面起绒的具有绒层或毛茸外观的织物，如：灯芯绒、条绒等。这类织物沿经纱不同的方向表面光泽感不同。所以，剪裁时要保证所有样片沿经纱方向一致。

机针——有各种类型的机针，通用型机针适用于一般机织物，圆珠型针尖的机针适用于针织物，还有各种专业机针，如毛皮专用、弹力织物专用等。

剪口——为了对位和缝纫准确在纸样上做的标记点，如省道、褶裥的位置。可以是小短线的形式，也可以是V字形。

装饰/配件——服装的各种配件和饰品，如纽扣、拉链等。

锁边机——用于封锁住织物的毛边，以防织物脱散的缝纫机器。

褶裥——折叠部分面料用于功能和装饰的目的，如裤子和裙子腰部的省道和褶裥。有各种不同形式的褶裥，如工形、刀形等。

驳头——西装前胸贴边向外翻折的部分，与衣领缝合后形成翻驳领。

袖孔——衣身与袖子相缝合的袖窿部分。

接缝——服装上两裁片缝合在一起时所形成的缝子，接缝缝头的大小依赖于裁片类型。

缝份——在裁片边缘加放出的用于缝合的量。缝份大小取决于裁片类型和缝合工艺。

布边——采用与布身不同的组织结构织造形成的布边缘。布边的主要作用是防止织物脱散。布边上有时也会标出织物的型号、品种和机器名称等相关信息。

线迹长度——在缝纫时依据需要调节针距大小。

弹力织物——采用天然或合成纤维织成的具有四面弹的织物，如：用于运动服的高弹面料。

张力调节器——缝纫机上用于调节面线张力的转盘。

双送压脚——平缝机上的双边压脚，缝纫时压住多层面料以防面料脱离跑偏。

机织物——由经纬纱按一定规律交织而成的织物，在斜向弹性最大，如棉织物。

拉链——由两条带有金属齿或塑料齿的带子组成的服装扣件，包括拉链齿和拉链头两部分，用于裤子、裙子、夹克等服装上。

附录二 网络资源

www.coolhunting.com

网站提供了设计、科技、文化、饮食、旅游等多方面的创新性资料。有一个全球化的编辑团队，每日更新内容，每周发布迷你纪录片。

www.ftmlondon.org

伦敦时装和面料博物馆，主要介绍现代时装及服饰配件的设计，以及英国的一些著名设计师。

www.inhabitat.com

介绍工业品、建筑以及家居等未来可持续发展方面的设计与研究。

www.lookbook.nu

将世界各地时尚艺术爱好者的创意和作品汇集在一起的网络平台。

www.modeconnect.com

该网站提供关于时尚创意方面的各种资源，也是世界各地的设计师相互学习交流的平台。

www.paris.fr

巴黎时装博物馆，该馆是时尚界最著名的博物馆，珍藏了超过70000件经典服装，既包括各历史朝代的传统服装，也包括现代设计师的经典作品。

www.pymca.com

该网站相当于一个记录青年文化思潮和社会历史变革的档案库，汇集了时尚、音乐、美术、艺术设计等方面的大事件，是借鉴参考服装设计以外的其他艺术形式的资源库。

www.selvedge.org

这是同名杂志的网络版，主要汇集了全世界最优秀的纺织品的相关设计和图片。

www.flipboard.com

主要是关于时尚产业的最新动态，也包括当代新涌现出来的著名设计师。

www.museumofcostume.co.uk

英国服装博物馆，世界最大的服装博物馆之一，汇集了传统和现代的经典服装。

www.metmuseum.org

美国大都会艺术博物馆，1870年建于纽约。旨在收集保存各行业的著名艺术作品，促进各行业间的学习与交流，使艺术能够更好地服务于生活。

www.fitnyc.edu

纽约州立大学时装技术学院博物馆。从混合了诸多元素的多元文化中获取灵感。网站以汇集一些颇具影响力的、耀眼的、具有多元文化的设计师为主要特色。

www.vam.ac.uk

维多利亚和阿尔伯特博物馆，位于伦敦，是世界上规模最大的关于服装艺术和面料方面的博物馆。

服装样板网站

www.burdastyle.com

服装爱好者相互学习交流制板和缝制技术的网站，其中有各种论坛，可以发布各种问题。

www.Colettepatterns.com

适合初级和中级水平的服装爱好者，从中可以找到各种有趣款式的服装样板。

www.oliverands.com

互动性网站，在上面可以购买适合各种年龄的各种款式的服装样板。

www.voguepatterns.mccall.com

汇集从传统到现代的各种款式的服装样板，适合各阶段的不同水平。包括一些著名设计师最新款式的样板。

仪器设备网站

www.J&Bsewing.com

包括各种家用和工业用的缝纫机等设备，可以在线订购。

www.morplan.com

关于各种缝制工具的网站，如：剪刀、针线、画粉等，可以在线订购。

面料和配饰网站

www.abakhan.co.uk

各种服饰用品的网站销售平台，如：配件、镶边、珠片、人台、垫肩、裙撑、束胸等，应有尽有。

www.liberty.co.uk

位于伦敦的最具英国传统特色的精品百货商场liberty，纺织品分店Liberty fabric拥有各种有创意的奢华面料和服饰品。它的实体店精美奢华，值得一看。

www.mjtrim.com

位于纽约的一家服饰用品商场，种类齐全，无所不有，无论是传统经典饰品还是现代流行饰品，在这里都可以找到。

www.purlsoho.com

位于曼哈顿的一家现代服装用品专卖店，汇集各种有创意的缝纫用品，包括面料、饰品、针织物以及各种缝制材料和工具等。

www.macculloch-wallis.co.uk

历史悠久的服饰用品公司Mac-Culloch & Wallis，主要经营服装面料、里料、饰品等。

www.buttonqueen.co.uk

伦敦的一家专门经营纽扣的公司The Button Queen，包括各种有创意的独特纽扣。

www.clothhouse.com

专门经营布料的公司The Cloth Hou-se，在这里可以找到来自世界各地的各种布料。

致谢

感谢以下专家、学者及相关单位
尼古拉·查德威克（Nicola Chadwick）
特蕾莎·爱奎因·特尔弗（Teresa Lovequine–Telfer）
瓦莱丽·普伦德加斯特（Valerie Prendergast）
马克·阿特金森（Mark Atkinson）
约翰·刘（John Lau）
加雷斯·克肖（Gareth Kershaw）
迪安娜·克拉克（Deanna Clark）
海伦·斯帝博尼（Helene Chartrain）
露易丝·卡哈曼（Louise Kahrmann）
弗恩·鲍尔迪（Fern Baldie）
西米恩·吉尔博士（Dr Simeon Gill）
维多利亚·沃克（Victoria Walker）
林咏月（Yvonne Lin）
乔纳森·杰普森（Jonathan Jepson）
艾丽森·洛（设备有限公司）（Alison Lowe）
艾达·让得腾（Ada Zanditon）
海伦·范·里斯（Hellen Van Rees）
莉亚·佩克（Léa Peckre）
尼科尔·佩尔蒂埃（Nicole Pelletier）
方米勒约·德里（Funmilayo Deri）
玛达·范·汉斯（Mada Van Gaans）
路易丝·斑尼特（Louise Bennetts）
纽约时装周非洲发布会（AFW-NY）
曼彻斯特城市大学霍林斯学院（Hollings Faculty, MMU）
艾迪亚特·底苏［Adiat Disu（Adiree.com）］
贝亚特·苟蔗（Beate Goodager）
艾莉·萨博（Elie Saab）
艾玛·哈得斯戴夫（Emma Hardstaff）
克里·西格（再生时尚艺术）（Kerry Seager）
维多利亚·惠特克（Victoria Whittaker）
斯蒂芬·拉米雷斯（印阿斯卡）［Stefen Ramirez（Inaisce）］
丹·WJ.普拉萨德（Dan WJ Prasad）

特别感谢：
约瑟芬·布朗（Josephine Brown）
丹尼尔·普伦德加斯特（Daniel Prendergast）

图片分类索引

后记

《时装设计元素》系列丛书生动地介绍了时装设计专业中的关键理论知识和相关技术问题。最早由AVA出版社出版，每本书中都通过清晰悦目的图表和震撼人心的图片，列举了很多学生和设计师的成功案例，为服装设计的初学者指明了一条基本的实践探索之路。

在服装设计过程中有时会忽略一些缝纫工艺问题。但是，当设计者掌握了这些缝纫技能后，就可使设计发生质的转变。要使二维的设计有效地展现成三维的服装，很大程度上取决于对缝制技巧的掌握和熟练的程度。《时装设计元素：造型设计与缝制技巧》针对设计师所面临的项目和任务不同，给设计师提供了精准的信息和必须的技巧，使得原本比较复杂的工艺问题得到了简化。

《时装设计元素：造型设计与缝制技巧》中介绍了服装创意设计中涉及到的一些关键设备，包括：缝纫设备的零部件和相关机器设备的操作说明等。还讨论了在缝纫过程中可能遇到的诸多问题和解决方法。掌握了本书中的基本理论和技巧后，有益于设计专业的学生和服装工艺师发展成为以实践为基础的创新型专业人才。

《时装设计元素：造型设计与缝制技巧》最大的特点是内容丰富、信息量大、图片新颖精美，无论对于从事服装设计的专业人员，还是对于那些希望了解时尚产业的爱好者，都是不可多得的经典之作。本书以工艺技术和创新思维为重点内容，以时尚前沿为主导，从各个方面向读者介绍了令人深受启发的缝制技巧和造型设计思路。